コンピュータリテラシ 第5版

Computer Literacy: Introduction to Information Processing

情報処理入門

［編著］

植竹 朋文

［著］

大曽根 匡
関根 　純
宮村 　崇
森本 祥一

共立出版

第5版へのまえがき

スマートフォンやインターネット，AI（Artificial Intelligence，人工知能）などのICT（Information and Communication Technology，情報通信技術）がめまぐるしく進歩していく現在において，今後皆さんにますます必要となる能力は，目的のために情報を積極的に活用できる能力である「情報リテラシ」です．この「情報リテラシ」には，問題の発見，情報の収集・分析，論理的な考察，解決策の提案，説得力のある発表ができる能力が含まれます．そしてICTが進歩した現在において，「情報リテラシ」を身につけるためには，パソコンやアプリケーションを使いこなす能力である「コンピュータリテラシ」を身につけることが必要不可欠です．本書は，この「情報リテラシ」修得への橋渡しとなることを目的とした「コンピュータリテラシ」の教科書です．

本書の特徴は2つあります．

第一の特徴は，前述したように目的指向型の本であるということです．本書では，第1章から第8章までで「情報リテラシ」を身につける上で必要となる「コンピュータリテラシ」を身につけていきます．そして第9章で，具体的なテーマに関して，この本で学習した様々な知識やスキルを駆使しながら，問題を発見し，情報を収集し，分析し，考察し，最後にレポートとしてまとめ，発表するという「情報リテラシ」のプロセスを体験します．そこで本書では，まず第9章を読むことを推奨します．そうすれば，みなさんに最初に問題意識を持ってもらうことができ，身につけるべき知識やスキルは何かを具体的に理解してもらえるからです．そのうえで，第1章から順に読み進んでいけば，学ぶべき目的がわかっているのでより学習効果が高まります．

第二の特徴は，ストーリーがあり楽しく読み進めることができる本であるということです．そのために本書では，皆さんにとって身近な「コンビニエンスストア」をテーマとして統一しました．これにより，イメージの湧く具体的な例で皆さんが身につけるべき知識やスキルが説明されていくので，ストーリーに沿って本書を楽しく読み進めることができます．また，「コラム」を所々に設置し，最新のトピックや関連する面白い話，役に立つ情報をたくさん掲載しました．コラムだけを読み進めていくのも楽しいでしょう．さらにビジュアル化にも心がけ，文章と図表をバランスよく配置し，理解しやすくなるよう配慮しました．みなさんが楽しみながら本書を学び終えたときには，必要な「コンピュータリテラシ」が自然と備わっていることでしょう．

今回，本書は情報環境の変化に対応すべく改訂を行い第5版になりましたが，第1版から本質的な内容部分は変更していません．これは，情報環境が変化しても「コンピュータリテラシ」のベースの部分は変化しないからです．したがって，どういう情報環境になったとしても，本書は「情報リテラシ」を目指した「コンピュータリテラシ」の教科書として役に立つも

のと自負しています.

　近年，急速に進みつつあるビッグデータと AI が駆動する情報化社会において，皆さんには情報を効果的に活用して社会の諸課題を解決していく力が強く求められています．そのためには，情報化社会の「読み・書き・そろばん」である数理・データサイエンス・AI に関する知識とスキルを身につけることが必要不可欠です．本書の学習を通じて基礎的な情報処理・データ分析能力と情報倫理を身につけた皆さんが，様々な分野で学びを深め，これからの社会で活躍されることを期待しています.

　最後になりましたが，本書の企画と製作にご苦労をおかけした共立出版の石井徹也さんと中川暢子さん，本書の内容について活発にご議論いただいた専修大学情報科学研究所の情報教育研究会メンバー，そして初版と第2版の執筆をしていただき，現在にいたるまで有益なコメントをいただいている専修大学名誉教授の魚田勝臣先生に深く感謝申し上げます.

2024 年 1 月

著者を代表して

植竹　朋文

執筆分担

第1章	パソコン環境と Windows	（森本　祥一）
第2章	電子メール	（植竹　朋文）
第3章	インターネットを用いた情報検索	（植竹　朋文）
第4章	文書の作成	（関根　純）
第5章	表計算の基本	（宮村　崇）
第6章	表計算の応用	（宮村　崇）
第7章	プレゼンテーション	（大曽根　匡）
第8章	Web ページの作成と公開	（植竹　朋文）
第9章	情報リテラシへの道	（大曽根　匡）

目　次

第1章　パソコン環境と Windows

第2章　電子メール

第3章 インターネットを用いた情報検索

第4章 文書の作成

第5章 表計算の基本

第6章 表計算の応用

第7章 プレゼンテーション

第8章　Web ページの作成と公開

第9章　情報リテラシへの道

付　　録

第1章
パソコン環境と Windows

本章では，わたしたちが操作するパソコンの環境と Windows の操作方法，文字や日本語の入力方法について学習する．また，ファイルの操作方法についても学ぶ．最後に，パソコンを扱っているときに遭遇する各種のトラブルに対処する方法についても説明する．この章の内容は本書を通して基本的なことなので，よく理解するようこころがけよう．

1.1 パソコン環境

パソコンは，インターネットの閲覧や文書作成など，日常生活から事務作業まで，必要不可欠なツールとなっている．ここで，わたしたちの使用するパソコンの環境について把握しておこう．ノート型パソコンの外観を図1.1に示す．価格や性能，後述するオペレーティングシステムの違いなど，その種類はメーカーによって様々（図1.1）だが，パソコンを使ってできる基本的な仕事はおおむね共通している．

パソコンは，大きく分けてハードウェアとソフトウェアで構成される．ソフトウェアとは，コンピュータを動作させるための一連の命令が書かれたプログラムやデータの集合のことである．ハードウェアとは，このプログラムやデータを入力，記憶，実行，保存，出力するための機械のことである．

ハードウェアは次の（1）〜（4）の装置から構成される．

(1) パソコン本体

パソコン本体は，CPU（Central Processing Unit：中央処理装置），メモリ，HDD（Hard Disk Drive：ハードディスクドライブ）などから構成される．CPU は，プログラムを構成し

Surface（出典：https://www.microsoft.com/ja-jp/surface）

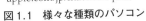
MacBook（出典：https://www.apple.com/jp/macbook-pro/）

Chromebook（出典：https://www.google.com/intl/ja_jp/chromebook/）

図 1.1　様々な種類のパソコン

ている命令を取り出し，解読し，その命令を実行する装置である．メモリは，CPUによって実行されるプログラムやデータを記憶している．また，HDDはプログラムやデータを保存しておくための補助記憶装置である．CPUはクロック周波数，メモリやHDDはアクセス速度や記憶容量が重要な性能尺度となる．CPUやメモリ，HDDの性能がパソコン全体の性能に大きな影響を与える．最近のパソコンでは，HDDより高速アクセスが可能なSSD（Solid State Drive：半導体ドライブ）が搭載されることが増えてきた．また，CDやDVD，Blu-rayなどの大容量の記憶媒体からデータを読み出したり，データを書き込んだりするための装置が光学ドライブであり，これも補助記憶装置の1つとして分類される．

(2) ディスプレイ

パソコンの作業状況を表示する装置がディスプレイである．主に液晶ディスプレイ（LCD：Liquid Crystal Display）が用いられる．ディスプレイは解像度と大きさが主要な仕様尺度となる．

(3) 入力装置

データを入力するために用いられる装置が入力装置である．代表的な入力装置として，文字を入力するためのキーボードや，ディスプレイ上のマウスポインタ（⮝）を操作するためのマウスや，ノート型パソコンのキーボード手前の筐体表面に設置され，接触センサに直接指で触れてマウスと同等の操作ができるタッチパッドをあげることができる．

(4) インタフェース

他のハードウェア機器と接続するための接続口をインタフェースという．LAN（Local Area Network）と接続するための無線LANや有線LAN，プリンタやUSB（Universal Serial Bus）対応のフラッシュメモリなどと接続するためのUSBポート，デジタルカメラで撮影した写真をパソコンに取り込むためのダイレクトメモリスロット，音声や映像をパソコンと外部機器の間で入出力するHDMI端子などを備えている．

一方，ソフトウェアは，オペレーティングシステム（OS：Operating System）とアプリケーションから構成される．OSは，コンピュータ全体を管理するプログラムであり，パソコンの操作環境を規定する．したがって，OSとして何が使用されているのかを把握しておくことは大切である．実際，わたしたちが仕事をするために使用するアプリケーションは，このOSの上で動いているので，使用したいアプリケーションがそのOS上で動作するかどうかを確かめておく必要がある．本書では，Microsoft Windowsと呼ばれるOSを前提としているが，その他にChromeOSやmacOSと呼ばれるOSも存在し，別の操作環境を提供している．また，Windowsにもいろいろなバージョンがある．古いバージョンのOSでは，使用したいアプリケーションが満足に動作しないということもある．本書ではWindows 11を用いて説明する．最近では，パソコン上で別のOSをアプリケーションとして起動し，操作できる仮想デスクトップ環境（VDI：Virtual Desktop Infrastructure）も普及してきている（図1.2）．他のOSのパソコンを使っている場合でも本書の説明を参考にしてほしい．

次に，アプリケーションについて説明しよう．アプリケーションは，ユーザが特定の仕事を行うためのソフトウェアのことをいう．アプリケーションはパソコン購入時にあらかじめインストールされている場合もあり，どのようなアプリケーションがインストールされているのか

表 1.1　仕事とアプリケーションの対応

仕事	アプリケーションの一般的名称	本書で用いるアプリケーション
Web ページの閲覧	Web ブラウザ	Google Chrome, Microsoft Edge
メールの送受信	メーラー	Web メール（Gmail）
文書の作成	ワープロソフト	Microsoft Word, メモ帳
データの集計・分析	表計算ソフト	Microsoft Excel
発表用資料の作成	プレゼンテーション用ソフト	Microsoft PowerPoint
画像の作成や修正	画像処理ソフト	Microsoft PowerPoint
Web ページの作成	Web ページ作成用ソフト	Google Sites

図 1.2　MacOS のパソコン上で動いている Windows

を調べておこう．パソコンを使っての代表的な仕事とアプリケーションの対応を表 1.1 に示す．この表で記述したアプリケーション以外にも多くのアプリケーションが存在するが，基本的な操作方法は共通しているので，本書の説明を参考にしてほしい．

1.2　Windows の操作

1.2.1　Windows へのサインインとサインアウト

　Windows を操作するためにはマウスが必要であるが，Windows 8 以降では，タブレット型パソコンやタッチパネル式ディスプレイであれば指で直接画面に触れて操作するタッチ操作も可能である．また，デスクトップ型パソコンよりノート型パソコンを使用する機会が増え，タッチパッドを使って操作することも多いであろう．しかし，タッチ操作やタッチパッドのみで文書を作成したり表計算を行ったりする細かい作業は難しく，非常に時間がかかってしまう．依然としてマウス操作は不可欠である．本書では，以降マウス操作による手順のみを扱うこととする．マウスを動かすことによって，マウスポインタの画面上の位置が動く．マウスポインタの形には，状況に応じて表 1.2 のようにいくつかの種類がある．マウスポインタの形が変化したところで操作を行う場合もあるので，その形の変化にも注意しよう．

　マウスの基本的な操作は，以下の 3 種類である．

① **クリック**：マウスの左ボタンを押してすぐに離す動作のことである．右クリックの場合は，マウスの右ボタンを押してすぐに離す．

② **ダブルクリック**：クリック動作を2回連続して行う動作のことである．

③ **ドラッグ**：マウスの左ボタンを押したままマウスを動かす動作のことである．

コラム：マウスとタッチパッド

　タッチパッドでも，マウスとほぼ同じ操作が可能である．マウスの左右ボタンは，それぞれタッチパッドの左右ボタンに対応しており，マウス本体を動かす操作は，タッチパッド上を指でなぞる操作で代替している．ダブルクリックも同様，ボタンを2回連続でクリックすることで対応できる．ただし，ドラッグ操作は，マウスと異なり，右手の指で左ボタンを押したまま，左手の指でタッチパッドをなぞって操作する必要があり，両手を使用しなければならないので不便である．最近では，タッチパッド上に置く指の位置や本数で，ピンチアウトやスクロールなど，操作を使い分ける便利な機能を持ったものも出てきているが，メーカーによって独自の仕様が多いので注意が必要である．

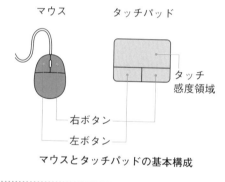

マウスとタッチパッドの基本構成

　個人利用のパソコンの場合，電源を入れると，しばらくして図1.5のようなデスクトップ画面が最初から表示される．一方，学校や公共施設などで1台のパソコンを複数人で使用する場合，または自宅でも，1台のパソコンを家族などで共有している場合，パソコン内に複数の**ユーザアカウント**を作成し，それぞれのユーザにパスワードを設定して運用する．共有パソコンを利用するには，まず**ユーザ ID** と**パスワード**を入力し，ユーザの認証に成功するとWindows のデスクトップ画面が起動する．これを**サインイン**という．以下では，Microsoft Remote Desktop（Azure Virtual Desktop）という仮想デスクトップ環境（VDI）を用いて，Windows へサインインする際の手順を示す．

操作 1.1：VDI による Windows へのサインイン

① VDI アプリを起動する（図1.3）．

② 図1.3の画面で，接続したい**プール**のアイコンをダブルクリックする．プールとは，セッションホスト（接続できる仮想パソコン）の集まり（グループ）のことを指す．

③ ユーザ ID とパスワードを入力する（図1.4）．

④ ユーザ ID とパスワードの認証に成功すると，図1.5のデスクトップ画面が表示される．

表 1.2　マウスポインタの形

形	意味	形	意味
⬆	通常	👆	リンクの選択
↕	上下に拡大／縮小	⬤	待ち状態
⟷	左右に拡大／縮小	⬤	バックグラウンドで作業中
⤢	斜めに拡大／縮小	？	ヘルプの選択
✛	移動	🚫	利用不可
I	テキスト選択	⬆	代替選択
✛	領域選択	✎	手書き
👆	場所の選択	👆	人の選択

図 1.3　VDI アプリの画面

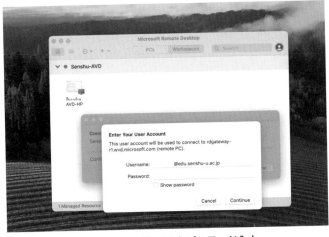

図 1.4　ユーザー ID とパスワード入力

図 1.5　Windows のデスクトップ画面

　Windows 11 では，図 1.6 の中央下のスタートボタンをクリックしスタートメニューを表示させ，その中から操作したいアプリケーションを選び，実際の操作はデスクトップ画面で行う．デスクトップ画面上のアイコンをダブルクリックして作業を始めることもできる．このようなグラフィックを用いたユーザインタフェースのことを，GUI（Graphical User Interface）といい，ユーザの使い勝手を向上させている．

　共有パソコンで Windows の作業を終了するときには，サインアウトの操作を行い，別のユーザが使えるようにしておく．個人利用のパソコンの場合は，Windows を終了して電源を切るか，そのままパソコンを閉じて，すぐに作業を再開可能なスタンバイの状態にしておくこともできる．ただし，スタンバイ状態は，パソコンのバッテリを消費し続けるので注意が必要である．ここで，サインインの時と同様，VDI を用いて，サインアウトの練習をしてみよう．

操作 1.2：VDI による Windows からのサインアウト
　① 　デスクトップ画面中央下のスタートボタンをクリックする．
　② 　表示されたスタートメニューから，［電源ボダン ⏻］→［切断］を選択する（図1.7）.

スタートメニュー

スタートボタン

タスクバー

図1.6 Windows 11 のスタートメニュー

サインアウト

電源ボタン

図1.7 スタートメニューからのサインアウト

コラム：パスワードの作成方法

　パスワードは，他人から類推されにくく，自分で思い出しやすく，大文字や小文字の英字，数字，記号が不規則に並んだように見える 8 文字以上の長さの文字列が推奨される．生年月日や個人情報，辞書に載っているような言葉は避け，作成したパスワードを紙に書き留めたりパソコンに保存しないようにしよう．また，パスワードを定期的に変えることも大切である．ただし，近年では利用するWeb サービスの数も増えており，すべてのサービスで異なる複雑なパスワードを使い分けるのは現実的ではない．このような問題を解決するためには，ブラウザ自身が安全なパスワードを生成してサービスごとに記憶してくれる機能や，専用のパスワード管理アプリを利用するとよい．

1.2.2　アプリケーションの起動とウィンドウの構成

　パソコンを使って仕事をするためには Word や Excel といったアプリケーションを起動しなければならない．アプリケーションを起動するための操作は，以下のとおりである．

　操作 1.3：アプリケーションの起動
　◇**方法1**：スタートメニューからの起動
　① デスクトップ画面中央下のスタートボタンをクリックする．
　② パソコンにインストールされているアプリケーション一覧が表示されるので，起動したいアプリケーションを選ぶ．起動したいアプリケーションが表示されていない場合は，タスクバー中央にある虫眼鏡マーク **Q** をクリックして検索条件を入力して探すこともできる．
　◇**方法2**：アイコンからの起動
　① デスクトップ上，もしくはタスクバーにアイコン化されたアプリケーションが表示されている場合は，そのアイコンをダブルクリックする．

　アプリケーションが起動すると，そのアプリケーションに対応するウィンドウが画面上に表示される．図1.8に示すように，ウィンドウは以下の要素から構成されているのが一般的である．

① タイトルバー：アプリケーション名やファイル名を表示しているバー．
② タブ：アプリケーション機能をグループ化して表示しているバー．
③ リボン：アプリケーションでよく使用される機能をアイコン化し，そのアイコン化したボタンを並べて表示しているバー．マウスポインタをアイコンボタンの上に乗せるとその機能の名称が表示される．そのボタンをクリックすると対応する機能を動作させることができる．ペイントのリボンの例を図1.9に示す．
④ クイックアクセスツールバー：「保存」，「元に戻す」など，利用頻度の高い機能（コマンド）をショートカットアイコンとして登録できる．
⑤ スクロールバー：ウィンドウの表示内容をスクロールするためのバー．上下のスクロールバーと左右のスクロールバーがある．

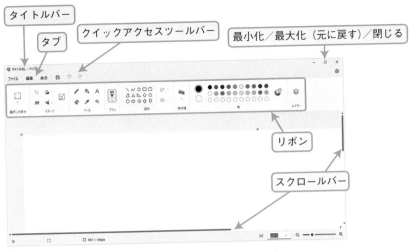

図1.8 ウィンドウの構成要素

図1.9 リボンと名称表示

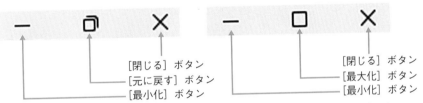

図1.10 [最小化] ボタン，[元に戻す] ボタン，[最大化] ボタンと [閉じる] ボタン

⑥ [最小化] ボタン：ウィンドウを最小化するためのボタン（図1.10）．最小化したウィンドウは画面下のタスクバー（図1.6）に表示される．

⑦ [最大化] ボタン：ウィンドウを画面いっぱいに最大化するためのボタン（図1.10）．最大化されていないウィンドウだけに表示される．

⑧ [元に戻す] ボタン：ウィンドウの大きさを元に戻すためのボタン（図1.10）．最大化されているウィンドウだけに表示される．

⑨ [閉じる] ボタン：アプリケーションを終了させるためのボタン（図1.10）．

クイックアクセスツールバーにコマンドを追加，削除するには，次のような操作を行う．

操作 1.4：クイックアクセスツールバーのカスタマイズ

① クイックアクセスツールバーの右に表示された下矢印をクリックし，表示された一

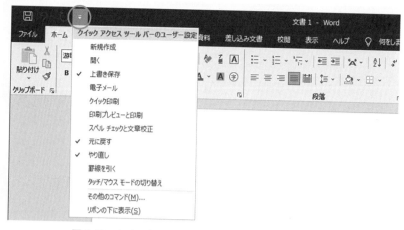

図 1.11　クイックアクセスツールバーのカスタマイズ

覧から追加したいコマンドを選択すると，クイックアクセスツールバーに追加され，追加したコマンド名にチェックマークがつく．

② 同様の手順を再度繰り返すと，クイックアクセスツールバーからコマンドが削除され，チェックマークがはずれる（図 1.11）．

問題1.1

アクセサリの中の「ペイント」を起動させ，マウスを使って自分の氏名を書いてみよう．

1.2.3　ウィンドウの操作

ウィンドウには，サイズが固定されていてサイズを変更できないウィンドウと，サイズを自由に変えることのできるウィンドウがある．サイズを変更できるウィンドウの場合，次の操作によりウィンドウのサイズを変えることができる．

操作 1.5：ウィンドウサイズの変更

① ウィンドウの境界付近にマウスポインタを移動させ，マウスポインタの形が ↕ ↔ ↘ のように変化するのを確認する．

② マウスをドラッグするとウィンドウのサイズが変わる．

最大化されていないウィンドウは任意の場所に移動させることができる．その操作は以下のとおりである．

操作 1.6：ウィンドウの移動

① マウスポインタをウィンドウのタイトルバーの上に移動する．

② マウスをドラッグすると，ウィンドウが移動する．

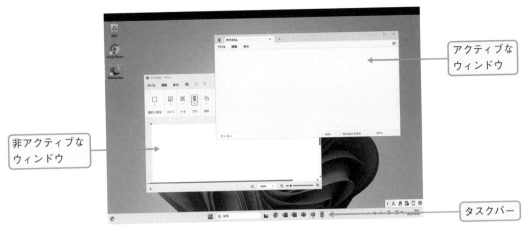

図1.12　マルチウィンドウ

　図1.12のように，アプリケーションは2つ以上同時に立ち上げることもできる．そのとき，複数のウィンドウが開いた状態となる．これをマルチウィンドウという．この機能により，ユーザは，1つのアプリケーションの内容を参照しながら，別のアプリケーションを使って仕事を進めることができる．複数のウィンドウが開いているときに，一番上になっているウィンドウをアクティブなウィンドウという．ユーザはアクティブなウィンドウに対してだけ操作を行うことができる．非アクティブなウィンドウをアクティブに切り替えるためには，以下の操作を行う．

 操作1.7：ウィンドウの切り替え
　◇**方法1**：アクティブにしたいウィンドウをクリックする．
　◇**方法2**：タスクバーの中からアクティブにしたいアプリケーションのタスクをクリックする．
　◇**方法3**：[Alt]キー＋[Tab]キーでアクティブにしたいウィンドウを選択する．

問題1.2

アクセサリの中の「メモ帳」と「ペイント」を起動させ，ウィンドウのサイズを変えたり，2つのアプリケーションを切り替えたりしてみよう．

1.3　文字の入力

1.3.1　タイピングの基本
　文字を入力するためにはキーボードを用いる．キーボードのキーは，図1.13のように，英字キー，数字キー，テンキー，矢印キー，[スペース]キー，[Enter]キー，ファンクションキー，その他のキーで構成されている．
　キーボードから文字を入力していくことを**タイピング**という．速くタイピングをするために

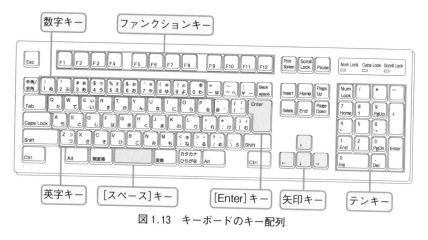

図1.13　キーボードのキー配列

図1.14　ホームポジション

は，キーボードの文字配列を把握しておくことが重要である．多くのキーボードは図1.13に示したような QWERTY 式配列が用いられている．特に，［F］と［J］のキーには，キーボードを見なくても位置がわかるようにするための突起物がついており，そこに左手と右手の人差し指を置くようにする．その他の指の基本的なキー位置を図1.14に示す．この基本的な指の位置をホームポジションという．このホームポジションを基本として，文字を入力していく．練習を重ねることにより，キーボードを見ないで文字を入力できるようになる．タイピングの練習用ソフトウェアもあるので，定期的にトレーニングするよう心がけよう．

　キーボードを使用するときの姿勢も大切である．悪い姿勢でタイピングを行うと，首や肩，目などに負担がかかり，疲労の原因となる．タイピングは，次のような姿勢で行おう．

① 　パソコンの画面を少し見下ろすくらいの高さになるようにイスの高さを調整する．足もきちんと両足を床につけるようにしよう．

② 　イスに深く腰かけ，背筋を伸ばす．手や肩をリラックスさせる．

③ 　指をホームポジションの位置に置く．

1.3.2　英数文字の入力

　文字の入力を行うために，「メモ帳」を起動しよう．すると，「メモ帳」の左上にカーソルと呼ばれる［｜］が表示され点滅する．カーソルは文字の入力位置を表し，入力文字はカーソルの後ろに書き込まれる．カーソルは，キーボードの矢印キー $\rightarrow$，$\leftarrow$，$\uparrow$，$\downarrow$ やマウスを用いて移動させることができる．これから英文字の入力を行うために，入力モードを半角英数モードにする．

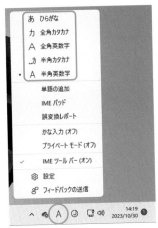

図 1.15　IME による入力モードの切り替え

操作 1.8：入力モードの切り替え
　◇**方法 1**：キーボード左上の［半角/全角］キーを押すたびに，ひらがな入力モードと
　　　　　　半角英数モードが切り替わる．
　◇**方法 2**：図 1.15 に示す **IME**（Input Method Editor）を右クリックし，その中から入
　　　　　　力モード（図では［半角英数］）を選択する．単に IME の部分を左クリック
　　　　　　するだけでも，ひらがな入力モードと半角英数モードが切り替わる．

　半角英数モードの場合，［Shift］キーを押しながら英字キーを押すと大文字の英字が，単に
英字キーだけを押すと小文字の英字が入力される．［Shift］キーを押しながら数字キーや記号
キーを押すと，キーの表面に書かれてある文字のうち，上の文字が入力される．また，単に数
字キーや記号キーだけを押すと下の文字が入力される．たとえば，［Shift］＋［5］キーを押す
と「％」が入力され，単に［5］キーだけを押すと「5」が入力される．
　さらに，英文における空白文字は［スペース］キーを用い，［Enter］キーを押すと改行さ
れる．

問題1.3

(1)　「メモ帳」を用いて，小文字の英文字「a」から「z」までを入力し，改行した後，大文字
　　の英文字「A」から「Z」までを入力してみよう．
(2)　「How many times do you go to a convenience store in a week ?」という英文を入力してみよう．

1.3.3　文書の編集
　文書を編集するための基本的な操作として，「メモ帳」を使用して以下の操作を習得しよう．

操作 1.9：文書の編集
　◆**文字の削除**：削除したい文字の前にカーソルを移動させ［Delete］キーを押すか，削
　　　　　　除したい文字の後ろにカーソルを移動させ［Back Space］キーを押す．入力した直

後の文字を削除するときは［Back Space］キーが便利である.

◆**文字の挿入**：挿入したい位置にカーソルを移動させ，文字を入力する．もし文字が挿入されないで上書きされてしまう場合は，上書きモードになっているので，［Insert］キーを押し挿入モードに切り替える.

◆**文字列の削除**：削除したい文字列をドラッグして範囲指定した後，［Delete］キーを押す.

◆**文字列のコピー（複写）**：
① コピーしたい文字列をドラッグして範囲指定する．範囲指定された部分は文字の色が反転する.
② 範囲指定した文字列をクリップボードと呼ばれるところにコピーする．ただし，画面上は変化しないことに注意しよう．クリップボードへのコピーは以下の方法がある.

◇**方法1**：メニューバー［編集（E）］→［コピー（C）］を選択する.
◇**方法2**：範囲指定してある文字列の上にマウスポインタを乗せ，そこで右クリックし，ショートカットメニュー［コピー（C）］を選択する.
◇**方法3**：Word のように，メニューバーではなく，リボンが表示されているアプリケーションを使用している場合は，［コピー］ボタンをクリックする.
◇**方法4**：キーボードから［Ctrl］＋［C］キーを押す.

③ コピーしたい位置にカーソルを移動させ，クリップボードにコピーした文字列を貼り付ける．貼り付けは以下の方法がある.

◇**方法1**：メニューバー［編集（E）］→［貼り付け（P）］を選択する.
◇**方法2**：右クリックし，ショートカットメニューの中から［貼り付け（P）］を選択する.
◇**方法3**：リボンの［貼り付け］ボタンをクリックする.
◇**方法4**：キーボードから［Ctrl］＋［V］キーを押す.

◆**文字列の移動**：
① 移動させたい文字列をドラッグして範囲指定する.
② 範囲指定した文字列をクリップボードに切り取る．切り取りは以下の方法がある.

◇**方法1**：メニューバー［編集（E）］→［切り取り（T）］を選択する.
◇**方法2**：右クリックし，ショートカットメニューの中から［切り取り（T）］を選択する.
◇**方法3**：リボンの［切り取り］ボタンをクリックする.
◇**方法4**：キーボードから［Ctrl］＋［X］キーを押す.

③ 移動させたい位置にカーソルを移動させ，クリップボードの文字列を貼り付ける.

　上記のように，Windows では，ショートカットメニューを表示させて操作をすることが多い．一般に，ショートカットメニューを表示させる操作は以下のとおりである.

操作 1.10：ショートカットメニューの表示

① 操作の対象とするオブジェクトの上にマウスポインタを移動する．ここでオブジェクトとは，文字列や図形などのように，これから操作の対象としようとするもののことを指す．

② マウスの右ボタンをクリックすると，そのオブジェクトに対応したショートカットメニューが表示される．

問題1.4

問題 1.3⑵の英文を 3 回コピーしてみよう．

コラム：macOS と Windows のキーボードとマウス

VDI などを使って，パソコン上で異なる OS を使用する場合，キーボードやマウス操作に注意が必要である．OS が異なっていても，図 1.13 に示したキーボードのファンクションキーや数字キー，英字キーの配置は共通だが，それ以外のキーの配置や呼び名，機能は異なる場合がある．以下に，macOS と Windows の主なキーの対応を示す．

キーボードの対応表

Windows	macOS
Ctrl キー，Windows キー	⌘ command キー
Shift キー	⇧ キー
Alt キー	⌥ option キー
Caps Lock キー	⇪ キー
Tab キー	⇥ キー

また，Windows で使用するマウスにはボタンが 2 つあるが，macOS で使用するマウスにはボタンが 1 つしかない．macOS で 2 ボタンマウスを使用する場合は，次の図のように Windows の右クリックに該当する操作の割り当てが必要になる．

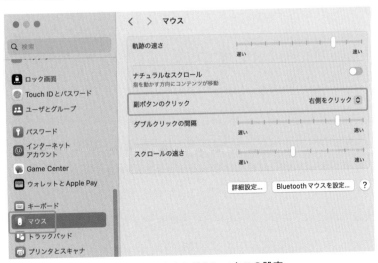

macOS における 2 ボタンマウスの設定

1.4　日本語入力

1.4.1　日本語入力システム

　日本語を入力するためには，日本語入力システムを用いる．代表的な日本語入力システムとして，Microsoft IME や ATOK などがある．ここでは，IME について説明する．この IME のオプションを図1.16に示す．これは，日本語入力の支援を行う目的のソフトウェアであり，入力方法の設定や入力モードの変更，読みのわからない漢字の入力などを助けてくれる便利な機能をもっている．その主な機能一覧を表1.3に示す．

　入力モードの切り替えは，日本語を入力する際に頻繁に行われる．その入力モードの切り替えのために，IME の［入力モード］ボタンを用いることが多いが，キーボードを使用しているときにマウスの操作を行うのは結構面倒なものである．そこで，全角ひらがな入力モードと半角英数モードとの切り替えには，キーボード上にある［半角/全角］キーを用いると，マウスの操作が不要となり便利である．

1.4.2　ローマ字入力

　ひらがなを入力するための方法として，かな入力とローマ字入力がある．かな入力は，キーを1回押すとひらがなを1文字入力できる1ストローク入力方式なので，キー配置を覚えてしまえば入力速度は速くなる．しかし，約50ものひらがなのキー配置を覚えるのは大変である．覚えていない場合は，特定のひらがなのキーを探すのに時間がかかってしまい，入力速度は遅くなる．そこで，通常はローマ字入力が用いられる場合が多い．ローマ字入力は，子音（K，S，T，N，H，M，Y，R，W，G，Z，D，B，P）の後に母音（A，I，U，E，O）を入力する2ストローク入力方式だが，使用するキーは20種類程度と少なくてすむ利点があり，母音のキーの位置だけを覚えてしまえば速く入力できる．ただし，ローマ字を知らないと入力できな

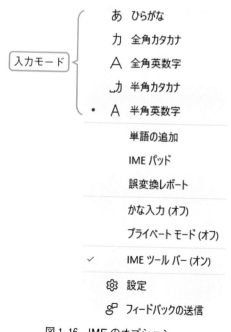

図1.16　IME のオプション

表 1.3　IME の機能

機能名	機能
入力モード	入力モードを選択できる．入力モードには，ひらがな，全角カタカナ，全角英数，半角カタカナ，半角英数の 5 種がある
単語の追加	日本語変換後の文字列「単語」と変換前のひらがな文字列「よみ」を登録しておくことができる
IME パッド	手書き入力や画数入力などを用いて読みのわからない漢字の入力を支援する
誤変換レポート	誤変換のデータを Microsoft に送信する
かな入力	かな入力とローマ字入力を切り替える
プライベートモード	キーボード入力時の変換履歴表示のオン・オフを切り替える
設定	IME の設定を行う

い．ローマ字入力のためのローマ字表を付録に記載してあるので，困ったときに参照してほしい．ローマ字入力の基本的なルールを下記に示す．

操作 1.11：ローマ字入力

- **◆清音（は），濁音（ば），半濁音（ぱ）の入力**：子音→母音の順に入力する．たとえば，「は」は「HA」と入力する．
- **◆撥音（ん）の入力**：「ん」は「NN」のように N を 2 回重ねて入力する．
- **◆促音（小さな「っ」）の入力**：はねたあとの子音を 2 回重ねて入力する．たとえば，「がっこう」は「GAKKOU」と入力する．
- **◆拗音（小さな「ゃ」「ゅ」「ょ」）**：子音と母音の間に「Y」を入れて入力する．たとえば，「きゅうこう」は「KYUUKOU」と入力する．ただし，「ちゃ」のように，「TYA」と入力しても「CHA」と入力してもよいものもいくつかある．くわしくは付録のローマ字表を参照してほしい．
- **◆その他**：外来語の「ディスク」のように小さな「ィ」を入力したい場合，「DHI」と入力してもよいが，単独に小さな「ィ」などを入力するには，「li」や「xi」のように小さくしたい文字の前に「l」または「x」をつけて入力すればよい．「小さい文字は little の l」と覚えれば覚えやすいかもしれない．

問題1.5

(1) 「メモ帳」を起動させ，全角ひらがな入力モードにし，ひらがなで 50 音を入力してみよう．

(2) 「がっこうのそばにコンビニエンスストアができて，メッチャべんりになったとおもうけれど，ディジタルカメラや DVD はうってないので，ちょっとふまんです．」を入力してみよう．

1.4.3　漢字の入力

漢字を入力するためには，次のような操作をする．

図 1.17　漢字の入力

操作 1.12：漢字の入力

① ひらがなで文字を入力した後，キーボードの［変換］キーか［スペース］キーを押す．

② 第1候補の漢字が表示されるので，その漢字でよければ［Enter］キーを押し，漢字を確定させる．

③ もし入力したい漢字でなかった場合は，再び［変換］キーか［スペース］キーを押すと，図1.17のように漢字の候補一覧が出るので，当てはまる候補を選ぶ．その際，同音異義語に関しては意味が表示される場合があるので，それを参考にして選択しよう．

問題1.6

「メモ帳」に「あい」という読みの漢字を3つ入力してみよう．

　形はわかるが読みのわからない漢字を入力したい場合は，IME パッドを使うと便利である．IME パッドは，図1.16に示した IME のオプションから［IME パッド］を選択し，起動した IME パッド（図1.18）の左側のメニューから入力方法を選択する．それぞれの入力方法の操作は以下のとおりである．

図 1.18　IME パッドの入力方法の選択

操作 1.13：IME パッドの利用

◆手書き入力：図 1.19 のように，マウスを使って漢字の形を描き，［認識］ボタンをクリックする．すると，その手書き文字と似ている文字が表示されるので，その中から入力したい文字を選択する．

◆文字一覧入力：図 1.20 のように，文字種を選択するとその文字種の文字一覧が表示されるので，その中から入力したい文字を選択する．

◆総画数入力：図 1.21 のように，総画数を選択するとその画数の文字が表示されるので，その中から入力したい文字を選択する．

◆部首入力：図 1.22 のように，部首の画数を選択するとその画数の部首が表示される．そして，その中から部首を選択すると，その部首の文字が表示されるので，その中から入力したい文字を選択する．その際，その漢字の読みも表示される．

図 1.19　手書き入力

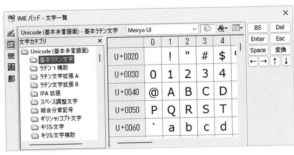
図 1.20　文字一覧入力

図 1.21　総画数入力

図 1.22　部首入力

問題1.7

(1) 「愛」という漢字を手書き入力してみよう．
(2) ギリシャ文字「β」を文字一覧入力してみよう．
(3) 総画数 10 画の漢字 3 つを総画数入力してみよう．
(4) 魚偏（うおへん）の漢字 3 つを部首入力してみよう．また，その漢字の読みも入力してみよう．

コラム：記号の入力

記号を入力するとき，文字一覧入力において記号の文字種類の中から選択してもよいが，その記号の読みを入力し変換して入力できる記号もある．たとえば，～（から），〒（郵便番号），？（はてな），【】『』＜＞（かっこ），■□◆◇（しかく），→←↑↓（やじるし）などである．

1.4.4 連文節変換

日本語を入力する際に，単語ごとに区切って変換していたのでは効率が悪く，入力スピードが遅くなる．そのため，ある程度の長さの文章を入力してから一括して変換するのが効率的である．そのときに役立つのが連文節変換である．これは，文章を自動的に文節に区切り，その文節毎に対応する漢字に変換してくれる機能である．しかし日本語の場合，同音異義語が多いので，ユーザの思うとおりに変換してくれないこともある．たとえば，「きょうはいしゃにいった」という文章は，「今日は医者に行った」とも「今日歯医者に行った」とも「京は医者に言った」とも解釈できる．

日本語入力システムが思うとおりの変換をしてくれなかった場合，文章を再入力せずに，少ない操作でユーザの思うとおりの文章に修正できることが望ましい．そのために必要な操作が，文節の区切りの変更と着目する文節の移動である．

操作 1.14：連文節変換と修正

① 文章（例として「きょうはいしゃ」）を入力し，[変換] キーを押すと，図 1.23 のように文章が連文節変換される．その際，文節が自動的にいくつかに区切られ，着目する文節が太いアンダーラインで表示される．

② →キーを押すたびに，着目する文節が右側へ移動する．逆に←キーを押すたびに，着目する文節が左側へ移動する．

③ 着目する文節を第 1 文節（「今日は」）にし，[Shift] ＋←キーを押すと，図 1.24 のように，文節が 1 文字短いところで区切られる（「きょう」）．そこで [変換] キーを押すと，図 1.25 のようにその文節に対し新たに漢字変換される．そして，後方の文節も区切りなおされる．逆に，[Shift] ＋→キーを押すと，文節が 1 文字長いところで区切られる．

図1.23 連文節変換

図1.24 文節の区切りの変更

図1.25 連文節の再変換

一度確定した文章でも，再変換することにより修正できる．再変換する方法は以下のとおりである．

操作1.15：確定した文章の再変換
① 対象とする文章や単語をドラッグして選択する．
② ［変換］キーを押すと，再変換の候補が表示される．
③ その候補の中から，変換したいものを選択する．

問題1.8

(1) 「しんだいしゃはこんでいた」を「寝台車は混んでいた」と「死んだ医者運んでいた」とに連文節変換してみよう．
(2) 問題1.5(2)の文章を再変換し，漢字かな混じりの文章にしてみよう．

1.5 フォルダとファイル

1.5.1 フォルダの作成とファイルの保存

パソコンのアプリケーションを用いて作成したものは，ファイルというかたちで保存する．ファイルとして保存する際に，次の項目を指定する．

(1) **保存先**：ファイルを保存する場所のことである．具体的には，ドライブ名と**フォルダ**を指定する必要がある．

　① 　ドライブ名：**ドライブ**は物理的な保存場所を指し，「C ドライブ」，「D ドライブ」というようにアルファベットの名称がつけられている．その具体的な保存場所は，使用している補助記憶装置（SDD など）であったり，インターネットで接続しているクラウドサービス上であったりする．

　② 　フォルダ：ファイルを探しやすくするために，ドライブの中に目的に応じていくつかフォルダを作成し，そのフォルダの中に保存するのが一般的である．フォルダは，図1.26 に示すようなアイコンで表示される．フォルダの中にさらにフォルダを作成するなど細分化してもよい．そのようにすると図1.27 に示すように階層的な構造になり，ファイルを整理しやすくなる．

(2) **ファイル名**：ファイルに名前をつけて識別する．

(3) **ファイルの種類**：どのアプリケーションで使用できるファイルなのかが識別できるようにするため，ファイルの種類を指定する．ファイルの種類は，ファイル名のあとの**拡張子**と呼ばれる文字列に反映される．たとえば，「メモ帳」で作成したファイルの拡張子はテキストを表す「txt」である．また，それに対応したアイコン化されたファイルが表示される．拡張子とファイルの種類，アイコンの表現との対応を表1.4 に示す．拡張子によってファイルとアプリケーションが関連づけられているため，ファイルをダブルクリックすることにより，関連するアプリケーションが起動し，そのファイルを開くことができる．

情報処理入門

図1.26　フォルダを表現するアイコン

> 🖥 ドキュメント
> 　∨ 📁 講義
> 　　📁 プログラミング応用
> 　　📁 プログラミング基礎
> 　　📁 情報システム入門
> 　　📁 情報リテラシ基礎演習
> 　∨ 📁 情報処理入門
> 　　📁 第1回
> 　　📁 第2回
> 　　📁 第3回
> 　　📁 第4回
> 　　📁 第5回
> 　　📁 第6回

図1.27　階層的な構造をしているフォルダ

表 1.4　拡張子とファイルの種類の対応表

拡張子	アイコン	ファイルの種類	意味
txt		テキストファイル	Text の略
doc docx		Word のファイル	Document の略
xls xlsx		Excel のファイル	Excel の略
ppt pptx		PowerPoint のファイル	PowerPoint の略
pdf		電子ドキュメントの公開用ファイル	Portable Document Format の略

例題1.1

「ライブラリ」の下の「ドキュメント」の中に「情報処理入門」というフォルダを作成してみよう.

その手順は以下のとおりである.

操作 1.16：フォルダの作成
① 「ライブラリ」の中の「ドキュメント」フォルダを開く.
② 開いたウィンドウのコマンドバーの［新規作成］をクリックするとメニューが表示されるので, そこで［フォルダー］をクリックする（図 1.28）.
③ 「新しいフォルダー」という名称のフォルダが作成されるので, その名称のところに「情報処理入門」というフォルダ名を入力すると, フォルダが新規に作成される.

図 1.28　フォルダの作成

図1.29　ファイルの保存

例題1.2

「メモ帳」で作成したファイルを「情報処理入門」フォルダの中に「日本語入力」という
ファイル名で保存してみよう.

ファイルの保存の手順は，以下のとおりである.

操作1.17：ファイルの保存
① 「メモ帳」のメニューバーから［ファイル（F）］→［名前を付けて保存（A）］を選
択する.
② 「名前を付けて保存」ダイアログボックスが表示されるので，保存する場所として
「ライブラリ」の中の「ドキュメント」を選択する. すると，ウィンドウに「情報
処理入門」というフォルダが表示されるので，そのフォルダのアイコンをダブルク
リックする.
③ 図1.29のように保存する場所に「情報処理入門」フォルダが表示される. そこで，
ファイル名に「日本語入力」と入力し，ファイルの種類が「テキスト文書
（＊.txt)」となっていることを確認し，［保存（S）］ボタンをクリックする.
④ 保存されると，「メモ帳」のタイトルバーにファイル名が表示される.

　最近では，自身のパソコン内にファイルを保存するのではなく，クラウドを利用したオン
ラインストレージに保存することが増えている. オンラインストレージは，インターネットに接
続されたパソコンから利用できる拡張ディスクドライブのようなもので，クラウド上に保存し
ておけば，異なるパソコン，スマートフォンなど，デバイスを問わずファイルを参照・共有で
きる. 代表的なサービスに OneDrive や Google Drive，Dropbox などがある. ここで，先ほど
自分のパソコン内のフォルダに保存した「日本語入力.txt」のファイルを，OneDrive にも保
存してみよう.

操作 1.18：OneDrive へのファイルの保存

① Windows 画面の右下，IME による入力モード切り替えボタンの隣の雲型アイコン（図 1.30）に×マークが付いている場合，OneDrive に接続できていない状態なので，アイコンをクリックして，さらに［サインイン］ボタンをクリックする.

② 表示された画面で，ID とパスワードを入力し，［サインイン］ボタンをクリックする（図 1.31）.

図 1.30　OneDrive へのサインイン

図 1.31　パスワードの入力画面

図 1.32   OneDrive との同期状態

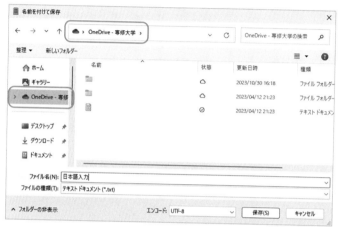

図 1.33   OneDrive へのファイルの保存

③   OneDrive への接続が完了すると，図 1.32 のように表示され，パソコン内の
[OneDrive]フォルダとその中に保存したファイルがクラウド上に同期される．ファ
イル名の右に表示されている[状態]アイコンは，そのファイルがパソコン内，ク
ラウド上のどちらにファイルが保存されているかを示している．緑色のチェックア
イコンが付いているファイルはパソコン内に，雲型アイコンが付いているファイル
はクラウド上に保存されている．クラウド上のファイルをクリックして開くとパソ
コン内にファイルがダウンロードされ，雲型アイコンがチェックアイコンに変化す
る．

④   操作 1.17 と同様の手順でファイルに名前をつけて保存する．ただし，保存する場
所は図 1.33 のように OneDrive を指定する．

1.5.2   ファイルの操作

ここでは，ファイルの基本的な操作について説明する．

操作 1.19：ファイル名の変更

◇**方法 1**：コマンドバーを用いる方法

①   名称を変更したいファイルを選択し，コマンドバーから［名前の変更］を選択する
（図 1.34）．

②   ファイル名の部分が反転表示されるので，変更したいファイル名称を入力する．

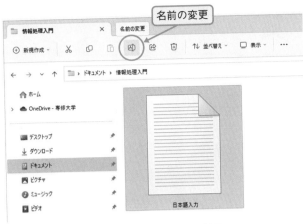

図1.34 ファイル名の変更

図1.35 ショートカットメニュー

◇**方法2**：ショートカットメニューを用いる方法

① 名称を変更したいファイル上でショートカットメニューを表示させる（図1.35）．

② ［名前の変更（M）］を選択すると，ファイル名の部分が反転表示されるので，変更したいファイル名称を入力する．

操作1.20：ファイルのコピー

◇**方法1**：コマンドバーを用いる方法

① コピーしたいファイルを選択し，コマンドバーから［コピー］を選択する（図1.36）．

② コピー先のフォルダを開き，コマンドバーから［貼り付け］を選択する．

◇**方法2**：ショートカットメニューを用いる方法

① コピーしたいファイル上で，右クリックしてショートカットメニューを表示させ［コピー（C）］を選択する．

② コピー先のフォルダを開き，右クリックしてショートカットメニューから［貼り付け（P）］を選択する．

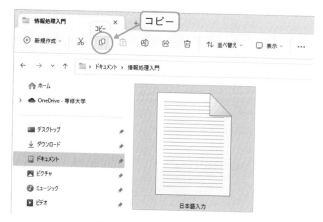

図1.36　ファイルのコピー

◇**方法3**：キーボードを用いる方法
① コピーしたいファイルを選択し，［Ctrl］＋［C］を押す.
② コピー先のフォルダを開き，［Ctrl］＋［V］を押す.

操作1.21：ファイルの削除
　◇**方法1**：コマンドバーを用いる方法
　　　　　　削除したいファイルを選択し，コマンドバーから［削除］を選択する.
　◇**方法2**：ゴミ箱を用いる方法
　　　　　　削除したいファイルをデスクトップ上の「ゴミ箱」の上にドラッグする.
　◇**方法3**：キーボードを用いる方法
　　　　　　削除したいファイルを選択し，［Delete］キーを押す.

1.5.3　ファイルの検索

　ファイルを検索するためには，以下の操作を行う.

操作1.22：ファイルの検索
① 検索の範囲に設定したいフォルダを表示する.
② 見つけたいファイルのファイル名や，そのファイルの中身に含まれる文字などを検索キーワードとして検索ボックスに入力する（図1.37）. また，検索対象を絞り込む追加条件として，サブフォルダを含めるかどうか，更新日時，ファイルのサイズ，ファイルの種類などを指定できる（図1.38）. 条件入力後，自動的に検索が始まる.
③ 検索終了後，検索結果が表示される. その中からファイルをダブルクリックすると，ファイルを開くことができる.

図 1.37 ファイルの検索

図 1.38 ファイル検索の絞り込み

1.6 トラブルの予防と対処

　パソコンを操作していると，ときにトラブルに見舞われる．コンピュータだからトラブルはめったに起こらないと考えて行動するのは誤りである．そのような甘い考えをもっていると，レポートの提出期限間際にファイルを壊してしまい，講義の単位を取得できなくなってしまうことになりかねない．ファイルが偶然壊れた，プリンタが急に動かなくなったというような言いわけは通用しないのが世の中の常識である．自己責任ということで片づけられてしまうことも多い．したがって，パソコンにトラブルはつきものと考え，そのトラブルの予防やトラブル発生時の対処を考えておくことが大切である．そこで本節では，トラブルの事例とその予防法や対処策について説明しておきたい．

　パソコンのトラブルとして，以下のような事例が考えられる．

① 補助記憶装置の不良など，ハードウェア障害によりパソコンがフリーズしたり，使用できなくなった．

② プリンタの障害やインク切れなどにより印刷できなくなった．

③ ファイルの障害などでファイルの開閉ができなくなった．

④ ソフトウェアのインストール失敗などによるトラブルで，OS やアプリケーションが正常に動作しなくなった．

⑤ ウイルスなどの感染により，データが破壊されたり，データが外部に流出してしまった．

⑥ ファイルを保存していたメモリ媒体や，ノートパソコンを紛失してしまった．

⑦ 勝手に他人にパソコンを使用されてしまった．

⑧ 知らないうちに自分の写真や個人情報などが Web に掲載されてしまった．

このようなトラブルを予防したり対処するために，次のようなことに注意を払うようにしよう．

① パソコン本体の電源の ON/OFF を連続して行ったり，パソコンを粗雑に扱ったりしないこと．これらの行為はハードウェアの故障の原因になる．

② プリンタ関連の消耗品は常備しておくこと．

③ 予備のメモリデバイスを常備しておくこと．

④ 大事なファイルは二重，三重にバックアップをとり，大切に保存しておくこと．

⑤ ウイルスに感染しないように，ウイルス対策用ソフトウェアをパソコンに必ずインストールしておき，その更新もつねに行うこと．また，ウイルス感染の意識をつねにもち，むやみに添付ファイルを開いたり，怪しげな Web サイトにアクセスしたりしないこと．

⑥ 大容量メモリやノートパソコンの管理は特に厳重に行うこと．個人情報などはなるべく記憶させないようにすることも被害を小さくする．

⑦ ユーザ ID やパスワードの管理を厳重に行い，パスワードを定期的に変更すること．ログインしたままパソコンから離れることも注意しよう．

⑧ 個人情報は厳重に管理し，むやみに他人に教えないこと．また，Web ページなどに安易に自分や他人の個人情報を公開したりしないようにすること．

　しかし，いくら注意を払っていても，パソコンは壊れるし，障害は起きるものである．したがって，その場合につねに備えて，作業中のファイルの上書き保存はこまめに行い，ファイルのバックアップも定期的に行うことが大切である．その際，バックアップファイルは複数の異なる記憶媒体に保存しておこう．そして，いざ障害が起こったときは，そのバックアップファイルを利用し，被害を最小限にくい止めよう．また，近年はインターネットの普及により，セキュリティの重要性が増してきた．セキュリティの意識を高くもち，トラブルに巻き込まれないよう注意しよう．

　コンピュータ社会やネットワーク社会は便利であるが，その一方，知らないうちに自分自身が被害者にも加害者にもなりうる危険な社会でもあるので，自分自身を守ることをつねに意識しておく必要がある．

コラム：粗打ち

　一般的に，正式な文書を作るのに先立って，文章を粗打ち（体裁を整えないで単に入力）し，そのうえで Word などのワープロソフトを使って体裁を整える．粗打ちには，「メモ帳」や「テキストエディタ」が使われることが多い．以下に「メモ帳」によって文章を粗打ちしている様子を示す．

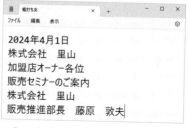

「メモ帳」による文章の粗打ち画面

章末問題

1. 図1.39に示した文章例を「メモ帳」を使って粗打ちし，ファイル名を「セミナー案内粗打ち」として，「ドキュメント」の中の「販売推進部」のフォルダに保存してみよう．また，OneDriveにもバックアップファイルとして保存してみよう．ただし，図1.39の文章はメモ帳のウィンドウの右端で文章を折り返して表示しているため，改行を入れる位置に注意しよう．

```
2024年4月1日
株式会社　里山
　加盟店オーナー各位
販売セミナーのご案内
株式会社　里山
販売推進部長　藤原　敦夫
拝啓
＜時候など決まり文句の挨拶文を挿入する＞
平素は当社事業の発展のために、ご尽力いただきまことに有難く厚くお礼申し上げます。
加盟店オーナーの皆様を中心とした社員や協力者のお陰で当グループの事業も順調に伸びておりますが、一方で競争は激化の一途をたどっております。ここで優位性を更に高めるための方策をたて、全社一丸となって推進する必要があります。
今般その一環として、新しい商品とサービス「My御膳（特製お弁当）予約・配達サービス」事業を開始することになりました。つきましては、本件に関する販売セミナーを下記のとおり開催することといたしましたので、ご案内申し上げます。
ご繁盛の折、まことに恐れ入りますが、オーナー様または代理の方のご出席を賜りますよう、お願い申し上げます。
末筆ながら貴店のますますのご繁栄をお祈り申し上げます。
敬具
記
日　時　　　2024年4月15日（月）　午後1時～4時
場　所　　　　株式会社　里山　本社　第3会議室
セミナー名　「My御膳（特製お弁当）予約・配達サービス」の内容と拡販について
講　師　　　　弊社社長および販売推進部

なお、ご出欠について、メール、Fax、電話または郵便にて4月10日までにご返事下さるようお願い申し上げます。
以上
株式会社　里山　販売推進担当　佐藤　千佳
〒111-1111　神奈川県川崎市多摩区東三田2-1-1
［E-mail］　sato_chika@aaa.bbb.ccc.ddd
［電話］　111-1111-1111
［FAX］　111-1111-1112
```

図1.39　ビジネス文書の粗打ち

参考文献

[1] 魚田勝臣編著，『コンピュータ概論—情報システム入門』第9版，共立出版，2023.

第2章
電子メール

　本章では，情報化社会におけるコミュニケーション手段として必要不可欠な電子メールについて学ぶ．ここでは，電子メールの仕組みや，その特徴および機能についてまず学ぶ．そして，Webブラウザ（詳細については第3章で学習する）上で使用するWebメールを利用して，実際にメールの送受信を行う．さらにメールにファイルを添付する方法や，電子メールを利用するときの注意点，大学の学習で電子メールを使う場合の作法などについて学習する．また電子メール以外のコミュニケーションツールについても学ぶ．

2.1　電子メールの仕組み

　電子メールは，ネットワークを利用したメッセージの伝達手段である．電子メールを利用すれば，学内はもちろんのこと，日本国内だけでなく世界中の人間とメッセージを交換することができる．図2.1に示されるように，各ネットワークにはメールサーバと呼ばれるコンピュータがあり，これによってユーザが発信したり受信したりする電子メールを管理している．

　郵便を送る際に住所で送り先を指定するように，電子メールを発信する際にはメッセージの送り先をメールアドレスによって指定する．このメールアドレスは，世界中で1つしか存在しない固有のものである．その構成だが，図2.2に示すように，「ユーザID」と，組織名称や組織種別，国記号からなる「ドメイン名」からなっている．なお，「ドメイン名」には，組織種別ラベルを持つ「属性型JPドメイン名」と持たない「汎用JPドメイン名」が存在する．

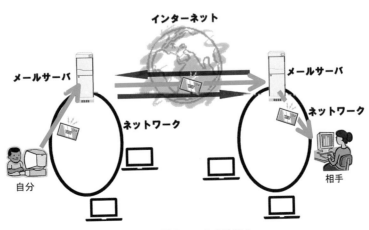

図2.1　電子メールの仕組み

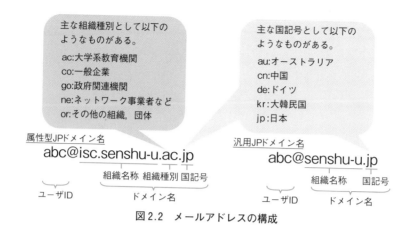

図2.2　メールアドレスの構成

2.2　電子メールの機能と特徴

電子メールの機能と特徴を以下に示す.

- メールアドレスを指定することで,個人または特定のグループへメッセージを送信できる.
- 通常,数秒〜数分で相手に届く.
- いつでも好きなときに送ることができる.
- 相手の位置にかかわらずコストが一定である.
- デジタルデータを送り合うので,メッセージをコンピュータ上で保存・管理できる.

2.3　電子メールの利用

　実際に電子メールを利用してみよう.ここでは,Webブラウザで利用することができる電子メールシステムであるWebメール(Gmail)を利用する.Webメールは受信したメールの閲覧や,新規メッセージの作成・送信などをWebブラウザのみで行うことができる.したがって,インターネットに接続されているコンピュータ上のWebブラウザを利用すれば,どこからでもメールを送受信したり,過去のメールを参照したりできる.

　以下に,Gmailの主要な特徴を述べる.

- Gmailには強力な迷惑メールフィルタが用意されており,Googleが持つ膨大な迷惑メール情報を元に,受信トレイに届く前に迷惑メールをブロックする.
　ただし,ブロックされたメールの中には,迷惑メールではないメールも含まれている可能性があるので,フィルタのカスタマイズが十分にできていない段階においては,定期的に確認したほうがよい.また,フィルタをすり抜けて迷惑メールが届いてしまった場合は,[⊘(迷惑メールを報告)]をクリックして報告することで,迷惑メールフィルタの精度を向上させることができる.
- Gmailのメールボックスは大容量であり,これまでのWebメールのように,メールを削除して容量を確保する必要がない.

・膨大なメールデータからでも，必要なメールを Google の強力な検索機能ですぐに見つけることができる.
・Gmail には，従来のメールソフトにあった「フォルダ」の概念がなく，ラベルを使用してメールを整理する. 1 つのメッセージに複数のラベルを付けることができるので，無理して特定のフォルダに振り分ける必要はない. 必要なメールをラベルなどを元に，前述した強力な検索機能で探すことができる.

2.3.1　Web メールの起動

操作 2.1：Web メール（Gmail）の起動
下記のいずれかの方法で，Web メール（Gmail）を起動することができる.
◇**方法 1**：ホームページにリンクが張られている場合
該当するリンクをクリックする.
◇**方法 2**：ホームページにリンクが張られていない場合
Web メールのある URL を Web ブラウザのアドレス欄に直接入力しアクセスする（詳細については第 3 章 3.3.2 項を参照のこと）. 正しくアクセスできると，Web メール（Gmail）のログイン画面が表示される（図 2.3）.

Web メールはよく利用するので，「ブックマーク」に登録しておこう（詳細については，3.3 節の「コラム：ブックマーク」を参照のこと）.

操作 2.2：Web メール（Gmail）にログインする
① ユーザ ID を入力する.
② パスワードを入力する.
③ ［ログイン］ボタンをクリックする.

ユーザ ID やパスワードは，必ず半角の英字・数字で入力する. 初めて利用する場合はパスワードを設定する必要がある.

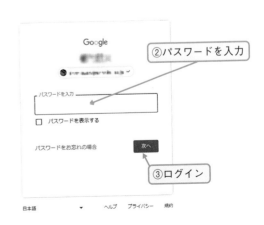

図 2.3　Web メールのログイン画面

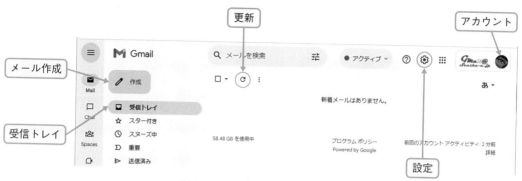

図2.4　Webメールのメイン画面

表2.1　［設定］で設定できる主な項目

設定項目	設定内容
全般	言語，電話番号，表示件数，送信取り消し，返信時のデフォルトの動作，カーソルでの操作，送信＆アーカイブ，既定の書式スタイル，メッセージ内の画像，動的メール，文法，スペルチェック，自動修正，スマート作成，スマート作成のカスタマイズ，スレッド表示，アクションの提案，スマートリプライ，スマート機能とパーソナライズ，他のGoogleサービスのスマート機能とパーソナライズ，デスクトップ通知，スター，キーボードショートカット，ボタンのラベル，自分の画像，連絡先を作成してオートコンプリートを利用，署名，個別インジケータ，メール本文の抜粋，不在通知などの設定を行う
ラベル	システムラベル，カテゴリ，ラベルなどメールの分類および表示項目などの設定を行う
受信トレイ	受信トレイの種類，カテゴリ，閲覧ウィンドウ，重要マーク，フィルタが適用されたメールなどの設定を行う
アカウント	アカウント設定の変更，名前，別のアカウントからのメールを確認などの設定を行う
フィルタとブロック中のアドレス	受信メールに適用するフィルタや，ブロックするアドレスなどの設定を行う
メール転送とPOP/IMAP	メールの転送およびPOPダウンロード，IMAPアクセスなどの設定を行う
アドオン	アドオンの設定を行う
チャットとMeet	チャット，Meetなどの設定を行う

　パスワードは，非常に大事なものなので誰にも知られないようにしよう．安全に使用するために，パスワードを定期的（3ヶ月に1度程度）に変更するようにしよう．

　Webメール（Gmail）のログインに成功すると，メイン画面（図2.4）が表示される．初めて利用するときは，初期設定をする必要がある．Gmailでは，［設定］でさまざまな設定ができる（表2.1）．

2.3.2 Webメールの初期設定

操作2.3：Webメールの初期設定

① メイン画面（図2.4）の画面上部にある ⚙ をクリックし［設定］を選択する．

② 設定画面（図2.5）の［アカウント］をクリックする．

③ ［情報を編集］をクリックし，表示された「メールアドレスの編集」画面（図2.6）で，名前の欄に自分の名前を正しく記入する．入力後，［変更を保存］ボタンをクリックする．

④ 「メールアドレスの編集」画面（図2.6）が消えた後，名前が変更されたことを確認する．

⑤ 設定画面（図2.5）の［ラベル］をクリックする．

⑥ 表示されたラベル設定画面（図2.7）で，非表示になっている「すべてのメール」，「迷惑メール」，「ごみ箱」を［表示］をクリックし，表示に変更する（「表示」の文字が青色から黒色に変わる）．

⑦ 画面の左横に，「すべてのメール」，「迷惑メール」，「ごみ箱」が表示されていることを確認する．

⑧ 設定画面（図2.5）の［全般］をクリックする．

⑨ 署名の入力は任意だが，署名に自分の名前や所属などを書き込んでおけば，メール

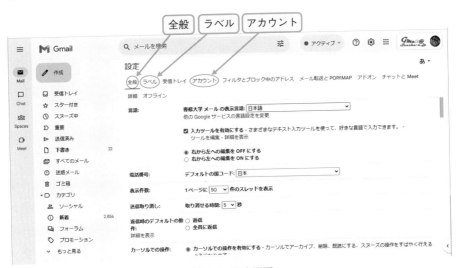

図2.5 設定画面

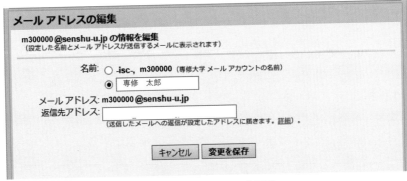

図2.6 アカウント設定画面

図2.7　ラベル設定画面

を送るときに，メール本文の最後に署名をいれることができる．署名は，簡潔で短いものが好まれ，目安としては4行程度で作成するのが望ましいといわれている．

コラム：メールアプリ

　今回紹介したWebメールのほかに，パソコンだけでなく，タブレット端末やスマートフォンなどでメールを送受信できるアプリも多数存在する．これらのアプリを使うとメールの管理がいつでもどこでもできるようになる．

Gmailのアプリ

　Gmailのアプリの場合は，いつでもどこでもGmailを使えるようになるだけでなく，アカウントを追加することで，複数のGmailのアカウント（例：大学のGmailのアカウントとプライベートのアカウント）を一括管理することができる．また，バッジなどで新着メールを知らせてくれる機能もある．

2.3.3　Webメールの作成と送受信

操作2.4：Webメールの作成と送信

①　メイン画面（図2.4）の［作成］をクリックし，メール作成画面（図2.8）を表示させる．

②　「宛先」の欄に送る相手のメールアドレスを入力する．

③　「件名」の欄に件名を入力する．

④　メールの本文を入力する．

⑤　入力が完了したら［送信］をクリックする．

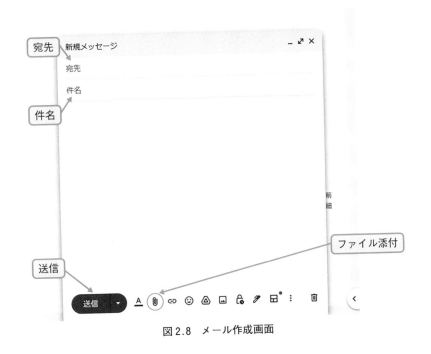

図2.8 メール作成画面

　半角カタカナや外字，機種依存文字[1]などを使用すると受信者側で正しく表示できない文字化け[2]が起こる可能性があるのでなるべく使わないようにしよう．

問題2.1

(1)　自分自身にメールを出してみよう．
(2)　隣に座っている人（もしくはまわりに座っている人）にメールアドレスを聞き，自己紹介のメールを出してみよう．

操作2.5：Webメールの受信
①　メイン画面（図2.4）の［受信トレイ］をクリックし，メール受信画面を表示させる．
②　メール受信画面上には，受信したメールの一覧が表示される．
③　件名をクリックすると，メール受信画面下部の内容表示部分にその内容が表示される（図2.9）．
④　Gmailは自動で定期的にメールの受信を行っているが，即座に更新したい場合はメール受信画面で［ C （更新）］（図2.4を参照のこと）をクリックする．

1　機種依存文字とは特定の環境上でしか正しく表示されない文字のことで，丸付き数字（①や②など）や一部の記号，「㍑」「㈱」「㍻」などを一文字にまとめた文字などをさす．
2　「文字化け」とは，テキストファイルをインターネット経由で送受信するとまれに発生する，ひらがなや漢字など（いわゆる全角文字）が意味不明な記号に置き換わって表示されてしまう現象のことである．

図2.9　メール受信画面

　受信済みメールは通常，メールサーバ上の各自の保存領域に保存される．Gmail の場合は，前述したように保存できるメールボックスの容量が非常に大きく，また安定稼働しているが，完全なものではないので，重要なものについては他のメディアにも保存するといった操作を行うことが望ましい．

コラム：「Mail Delivery System」や「postmaster」から英語のメールが届いた場合

　これらのメールは，存在しないメールアドレスにメールを送ってしまったときに自動的に返送されるエラーメッセージである（下図参照）．英語だと身構えず，まずはよく読んでみよう．どのメールに問題があったのかわかるはずである．問題のあったメールがわかったら，送信したそのメールの宛先（ユーザ ID やドメイン名）が間違っていないか，しっかりと確認してみよう．

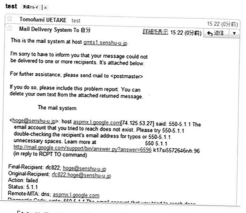

「Mail Delivery System」からの英語のメール

操作2.6：Webメールの返信
① 返信するメールを選択する.
② ［← （返信）］をクリックする.
③ 受信したメールを引用した画面（図2.10）が表示されるので，必要部分を利用しながらメールの本文を入力する.
④ 入力が完了したら［送信］をクリックする.

　メールに返信するときは，よく「相手の文章を引用する」ことがある．引用は適度に使えば電子メールのコミュニケーションがスムーズになる．しかし，あまり多用すると，かえって意味が通じにくくなったり，読みづらくなったりするうえに，長いメールを送りつけることになり，相手にとって迷惑になる．最初は，相手のメールの内容がすべて引用された状態から出発することが多いが，必要な部分だけを残して，不要な部分は消すようにしよう.

問題2.2

受信したメールに返信してみよう.

操作2.7：複数人へのメール送信
① 送りたい人全員のメールアドレスを宛先の欄に「,」でつないで並べて記述する.
② あとは通常のメールと同様に件名やメールの本文を入力し，送信する.

　「宛先」，「Cc」，「Bcc」の欄には，それぞれ複数のメールアドレスを指定することができる．「Cc」，「Bcc」の欄は［Cc］，［Bcc］をクリックすると，「宛先」の欄の下に表示される（図2.11）．Cc とは Carbon Copy の略で，ここに指定したアドレスに，そのメールのコピーを送ることができる．受信した人は Cc に誰が指定されているか見ることができる．その下にある Bcc とは Blind Carbon Copy の略で，Bcc に指定された人にメールのコピーが送られる

図2.10　受信したメールへの返信

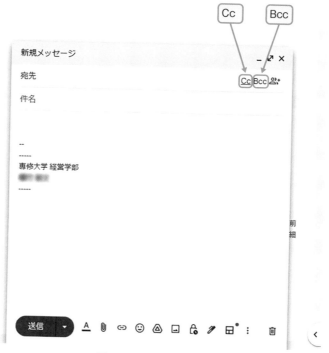

図 2.11　Cc と Bcc

のは Cc と同じだが，受信したメールからは Bcc の欄が削除されており，Bcc に誰が指定されていたのかを受信者が知ることはできない．Cc や Bcc に自分のメールアドレスを指定することもできるので，送ったメールの控えをとっておくのにも使える．

　また，決まった複数の相手とメールをやり取りする場合は，メーリングリスト（ML）を利用することもできる．メーリングリストは，電子メールを使って特定のテーマについての情報を特定のユーザの間で交換するシステムのことで，決まったメールアドレスにメールを送れば，登録されている人全員にメールが送られるようになっている．契約しているプロバイダなどで簡単に作成することができるので，必要な人は利用してみるとよいだろう．

問題2.3

両隣り（もしくは前後）に座っている複数の人とメールアドレスを交換し，自己紹介のメールを出してみよう．

コラム：「Bcc」はいつ利用するか？

　たとえば，メールアドレスを変更したときの「メールアドレスを変更しました」というメールや，引越しをしたときの「引っ越しました」というメールを知人に送るときに，「宛先」や「Cc」に知人のメールアドレスを羅列して送信してしまうと，その人の知らない人に勝手にメールアドレスを教えることになってしまい，個人情報の漏洩になる危険性がある．さらに，会社の業務などで多くの人にメールを送るときにこれをやってしまうと，法的な責任を問われる可能性もある．このような場合に，受信者が他の受信者のアドレスを知ることができない「Bcc」を利用してメールを送信するとよいだろう．

図 2.12　メールの削除

操作 2.8：Web メールの削除
① 削除したいメールを選択する（図 2.12）．
② ［🗑（削除）］ボタンをクリックする．クリックすると，チェックされたメールがゴミ箱に移動する．
③ 完全に削除する場合はメール受信画面（図 2.9）で［ゴミ箱］をクリックし，［［ゴミ箱］を今すぐ空にする］をクリックする．

問題2.4

問題 2.1 で自分自身に出したメールを削除してみよう．

2.4　添付ファイル

2.4.1　ファイルの添付方法

操作 2.10：ファイルの添付
① メール作成画面の下部にある［📎（ファイルを添付）］をクリックする（図 2.8 参照のこと）．
② 添付するファイルが保存されている場所を指定し，添付するファイルを選択して，［開く］ボタンをクリックする（図 2.13）．
③ メール作成画面の下部に添付したファイルの正しいファイル名が表示されていれば完了である．なお，同じ作業を繰り返すことで，複数のファイルを添付することも可能である．

　ファイルを添付する際には，その容量に注意しよう．受信者のメールボックスを圧迫してしまうだけでなく，受信者が情報転送速度の遅いモバイル端末である場合に容量の大きいメールは非常に迷惑である．添付ファイルの総容量は圧縮などを行うようにしよう．

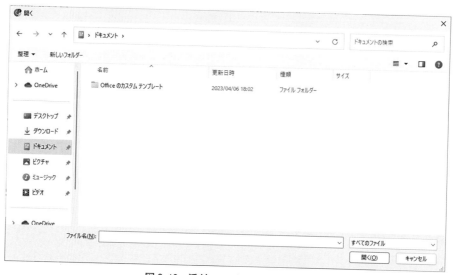

図2.13　添付ファイルの選択画面

表2.2　代表的な圧縮形式

圧縮形式	説明	拡張子	ファイル圧縮ソフト
Zip	MS-DOS の頃からよく使われていた世界的にもっとも広く使われている圧縮形式	zip	WinZip など
LZH	圧縮率に優れており，ネットワークを通じてソフトウェア配布によく利用される	lzh	LHA，Lhaplus，＋Lhaca など

2.4.2　ファイルの圧縮・解凍

　圧縮とは，一定の手順に従って，データの意味を保ったまま，容量を削減する処理のことである．ファイル圧縮ソフト[3]を用いて行う．ネットワーク上でデータの送受信にかかる時間を短縮したり，ハードディスクなどの記憶装置により多くのデータを記録するために圧縮は利用される．また，複数のファイルやフォルダも1つのファイルに圧縮することができる．

　一方，圧縮されたデータを元のデータに復元する処理を解凍（もしくは展開）という．圧縮形式にはさまざまな方式があるため，圧縮されたデータを解凍するには，その圧縮形式を解釈できるソフトウェアが必要となる．代表的な圧縮形式とファイル圧縮ソフトを表2.2に示す．

　操作2.11：ファイルの圧縮

　　◇**方法1**：ファイル圧縮ソフト（「WinZip」や「＋Lhaca」など）が右クリックメニューに登録されていない場合

　　　　　　ファイル圧縮ソフトがインストールされていれば，そのソフトを起動し，圧縮したいファイルを指定することで圧縮を行う．解凍も同様の手順で行うことができる．

3　これらのソフトは「窓の杜」や「Vector」などのサイト（詳細については3.4節のコラム「検索エンジンの種類」を参照のこと）からダウンロードすることができる．

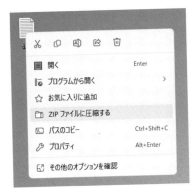

図 2.14　ファイルの圧縮

◇**方法 2**：ファイル圧縮ソフト（「WinZip」や「＋Lhaca」など）が右クリックメニューに登録されている場合
圧縮したい 1 つもしくは複数のファイル（もしくはフォルダ）を選択し，右クリックして，圧縮を選択する（図 2.14）．解凍も同様の手順で行うことができる．

コラム：ファイルの共有

　グループメンバー間でファイルを共有する方法として，2.4 節で取り上げた電子メールにファイルを添付するやり方のほかに，ファイル共有システムを利用する方法がある．ファイル共有システムはファイルを効率的かつ安全にやり取りするためのシステムで，このシステムを利用すれば，メールの誤送信やウィルス感染の恐れもなく，またファイルの容量を気にすることなく，必要な人に必要なファイルをスムーズに渡すことができる．最近の多くのファイル共有システムはクラウド型で，各種ファイルをクラウド上で蓄積・共有・管理しており，デバイスを問わず，いつでも，どこでも，必要なファイルにアクセスが可能である．クラウド型のファイル共有システムはオンラインストレージサービスやクラウドストレージサービスとも呼ばれている．

　代表的なファイル共有システムとして，Google 社の Google ドライブ，マイクロソフト社の OneDrive，アップル社の iCloud，Dropbox 社の Dropbox などがある．

問題2.5

第 1 章で作成したテキストファイルを圧縮してみよう．

2.5　電子メールを利用するときの注意点

2.5.1　電子メールを利用するときに守るべき基本的なルール

　電子メールは非常に便利で楽しいものだが，相手のことを考え，目的に応じた形式や作法を守らないと相手を不愉快にさせたり，トラブルに巻き込まれたりすることがある．手紙やはがきのときと同様に，電子メールを利用するときも守るべき基本的なルール（ネチケット[4]）がある．ネチケットとして心がける事項は以下のとおりである [2]．

- ・相手の文化や相手の置かれている状況を考える．
- ・差別用語や誹謗・抽象する用語は用いない．
- ・公序良俗に反する内容，脅迫的，感情的になるような内容に気をつける．
- ・他人のプライバシーを尊重する．
- ・著作権を侵害しない．
- ・相手の使用環境を考える．
- ・無意味な電子メールは送らない．
- ・電子メールはすぐ届くとは限らない．相手の都合もあるので，敏速な返事は期待しない．
- ・ファイルの添付は，その容量や，相手が解読可能か考える．
- ・一目でわかりやすい題名をつける．
- ・電子メールの最後に自分の署名（シグネチャ）を入れる．
- ・個人あてのメールを第三者に転送するときは，許可を得てからする．
- ・他人のメールを転送するときは，内容を変更しない．

　また，電子メールは，文字で情報を伝達するので，五感すべてを使った伝達ができない．不明な点を問い合わせていると時間がかかるうえに，話がおもいつきで発散する傾向があるため，ミスコミュニケーションが生じやすいという問題点もある．
　ミスコミュニケーションを防ぐために，以下の点に注意する．

- ・最初に内容の要点を（箇条書きなどを使って）書くようにする．
- ・多くの話題を盛り込まないようにする．
- ・複数相手に出す場合には，相手を意識して特定個人相手の話題を書かない．
- ・相手の質問に対しては正面から答える．
- ・すぐに送らずに推敲する．
- ・相手が容易に理解できるかチェックする．

問題2.6

数名（3名〜4名）でメールアドレスを交換し，ミスコミュニケーションやトラブルが生じないように注意しながら「10年後のコンビニエンスストアはどのようになっているか」を電子メールで議論し，集約してみよう．

4　Network Etiquette，ネットワーク上でのエチケット．

コラム:「顔文字」について

「顔文字」とは人の顔を文字で表現したもので,笑顔 (^_^) や泣き顔 (T_T) など,さまざまなものがある.インターネット上でやり取りされるメールやBBS,チャットなどでは文字が主な伝達手段であるため,感情を表現するために文章に混ぜて用いられている.文章そのものだけでは誤解を与えると思われるときに,語調を和らげることができるという利点があるが,あまり親しくない人に対して使うと馴れ馴れしい印象を与えることがあるので注意が必要である.

日本語では2バイト文字を用いた表現が可能であり,表に示すように顔文字のバリエーションも豊富である.また,Unicordでは記号も利用可能である.

「顔文字」の例

感情	1バイト文字利用	2バイト文字利用	記号
笑い	(^_^)	(´∀｀)	
	(^^)	(*ﾟ∀ﾟ)	
	(^-^)	(・∀・)	
泣き	(;_;)	(ﾉд｀)	
	(ToT)	(ﾉд；)	
	(T_T)	(ﾉдT)	
	(/_T)	・ﾟ・(つД｀)・ﾟ・	
汗	(^_^;	(;´д｀)	
驚き	(*_*)	Σ(ﾟдﾟ;)	
		キタ──（ﾟ∀ﾟ）──!!	
混乱	(@_@)	(ﾟ∀.)	
なごみ		(´・ω・｀)	

2.5.2 大学の学習で電子メールを使う場合の注意点

大学の教員や面識のない人にメールする場合は,読む側が不愉快にならないように,以下の点に注意してメールを作成する必要がある.

- スマートフォンのメールやフリーメールではなく,できれば大学のメールアドレスを利用する.
- 内容を端的に示す適切なタイトルをつける.
- 必ず名乗る(名前と所属,学籍番号など).できれば短い挨拶(たとえば「こんにちは.いつもお世話になっております.」など)も書く.
- 用件だけを書かない.できれば最後に「お願いします」の一言を添える.

- 出す前に，しっかりと推敲する．誤字・脱字，誤変換がないかを確認する．
- 送信の証拠を残す．
- 返信をもらったらお礼のメールを送る．過剰なお礼は必要ないが，コミュニケーションの基本である．

課題についての質問をメールでする場合の文例を図2.15に示すので，参考にしてほしい．

> 情報処理入門についての質問
>
> 生田先生
>
> 木曜日1時限目の情報処理入門を履修しているMA23-0000Xの専修です。
>
> 先週課されました課題についてわからないことがありましたので、メールいたしました。
>
> （略）
>
> お忙しいところ申し訳ありませんがよろしくお願いします。
> では失礼します。
> -----
> 専修大学 経営学部
> 専修 太郎
> -----

図2.15　課題についての質問をメールでする場合の文例

2.5.3　電子メールの危険性

コミュニケーションツールとして定着した電子メールにもいくつかの危険性が存在する．以下に電子メールの危険性について解説する．

- 電子メールの仕組みは非常に単純なので，悪意のある者にとっては，さまざまないたずらや妨害をすることが可能である．途中経路での盗み読み（盗聴）や，パスワードを盗まれてメールを読まれたり，書き換えられる（なりすまし，改ざんなど）危険性が存在する．
- 添付ファイルにウィルスが付着していて感染する恐れがある．ウィルスの種類は非常に多く，その手口も非常に巧妙になってきているため，完全に防御することはむずかしいが，以下の点には注意を払う必要がある．

　　✓ 見知らぬ人からのメールを安易に開かない．
　　✓ 知っている人からのメールでも，添付ファイルは，相手が確実に送ってきたものだと確信がもてないときは開かない．

2.5.4　スパムメール対策

スパムメール（迷惑メール）とは，インターネットを利用したダイレクトメールのことである．最近では，スマートフォンに対するスパムメールも社会的な問題になってきている．

たいていのメーラーには，件名や本文の内容，送信者や受信者などの条件に応じて，メールを特定のフォルダに振り分けたり削除したりする機能がついているので，うまく利用すれば，スパムメールが来てもあまりストレスを感じなくてすむようになってきている．

前述したようにGmailの場合は，基本的に特に設定もしなくても，高度な「迷惑メール」フィルタリングを行ってくれる．Gmailによって「迷惑メール」と判定されたメールは，「迷惑メール」フォルダに分類され，30日を経過すると自動的に削除される設定になっている．ただし，前述したようにGmailの迷惑メールフィルタも完全ではないので定期的に確認したほうがよい．

2.6 その他のコミュニケーションツール

電子メール以外の大学とのコミュニケーションツールとして，ポータルサイトや LMS（Learning Management System，授業支援システム），Web 会議システムなどがある．

ポータルサイトとは，大学から各学生に対して，お知らせや時間割，休講や教室変更などの講義に関する情報，行事の予定など大学生活をおくる上で必要な情報が集約されている Web サイトである．**LMS** とは，講義内容に関連する情報が集約された Web サイトで，講義資料の閲覧や，レポートの提出などをすることができる e-Learning システムである．**Web 会議システム**とは，インターネット環境を通じて遠隔拠点にいる相手とコミュニケーションがとれるシステムである．このシステムを利用することにより，人と接触せずに音声や映像を共有できるので，大学においてはオンライン講義やオンラインでのグループワークなどに利用される．

いずれのツールも大学生活を円滑に行っていく上で重要な情報を提供してくれるツールなので，使い方を習得し，こまめにチェックしておく必要がある．

以下で代表的なコミュニケーションツールである「in Campus」と「Google Classroom」，「respon」，「Google Meet」について説明する．

2.6.1 in Campus

「in Campus」とは，授業・学習を支援する LMS と大学からの色々な情報を受け取る窓口となるポータルシステムの機能を兼ね備えたシステムである（図 2.16）．LMS の機能として，オンラインでの「教材配布」や「レポート提出」などがある．

またポータルシステムの機能として，時間割の表示や授業科目に関するお知らせなど，重要なお知らせなどもここで連絡されるので，定期的に確認する必要がある．

2.6.2 Google Classroom

「Google Classroom」とは，教師と学生の間でファイルを共有する過程を合理化することで，課題の作成，配布，採点をペーパーレス化・簡素化する，Google が提供する LMS である（図 2.17）．教員や学生が「Google Classroom」を利用することで，課題のワークフローを効率化し，コラボレーションと円滑なコミュニケーションを促進できる．

図 2.16 in Campus

　講義資料の提示や課題の配布・提出などは，この「Google Classroom」を通じて行われることが多いので，定期的に確認する必要がある．

図 2.17　Google Classroom

2.6.3　respon（レスポン）

　「respon」とは，リアルタイムに出席カードやアンケートなどを提出・共有でき，対面授業だけでなくオンライン授業やハイブリッド授業においても双方向のコミュニケーションを可能にするツールである（図2.18）．

　主に講義中に利用されるので，シラバスなどを確認し，「respon」を利用する講義の前に，アプリを各自の環境（スマートフォンなど）にインストールし，使い方を習得するなどの準備をしておく必要がある．

2.6.4　Google Meet

　「Google Meet」とは，画面の共有やホワイトボード機能，チャット機能などをもつ Web 会議サービスである（図2.19）．さらに，誰でも簡単に質問できる Q&A 機能や，参加者の感想を素早く把握できるアンケート機能，少人数でディスカッションできるようグループ分けできるブレイクアウトルームなどの機能があり，オンラインでのコミュニケーションを円滑かつ効率的に行うことができる．また，似たような機能を持つツールとして「Zoom」や「Webex」がある．

図 2.18　respon

図 2.19 Google Meet

　オンラインで講義を受講する場合は必須のツールになるので，オンライン講義を受講する前に，ネットワークやカメラ，マイク，スピーカー（イヤホン）などの受講環境を整えるとともに，使い方も習得しておく必要がある．

章末問題

1. ネチケットについてくわしく調べてみよう．
2. ファイル圧縮ソフトを利用して，「ドキュメント」に保存されているファイルを圧縮してみよう．
3. 圧縮したファイルをメールに添付し，送信してみよう．

参考文献

[1] 専修大学出版企画委員会編，『改訂版 新・知のツールボックス―新入生のための学び方サポートブック』，専修大学出版局，2024．
[2] 情報教育学研究会・情報倫理教育研究グループ編，『インターネットの光と影 Ver.6―被害者・加害者にならないための情報倫理入門』，北大路書房，2018．

第3章
インターネットを用いた情報検索

　インターネットが普及し，非常に多くの情報がインターネット上に存在している現在の状況において，必要な情報を効率的に検索できるスキルは必要不可欠なものであるといっても過言ではない．そこで本章では，インターネットで情報（Webページ）を閲覧できる仕組みについての理解をふまえたうえで，Webブラウザの使用方法とWebページの見方を学ぶ．次に，効率よく必要な情報を得るために有効な検索エンジンや生成系AIについて学び，効果的な検索を行うための手法を学ぶ．また，Webページを構成するHTMLについても学ぶ．

3.1　WWW の仕組み

　インターネットで最も多く利用されているものとして WWW（World Wide Web）が存在する．WWW とは「世界に広がる蜘蛛の巣」という意味だが，インターネット上の巨大なマルチメディアデータベースと考えればよい．通常，この WWW 上の情報のことを Web ページと呼ぶ．WWW では，Web ページと Web ページが，リンク（もしくはハイパーリンク）と呼ばれるもので結ばれている．

　Web ページは，WWW サーバと呼ばれる世界中に分散したコンピュータの中に保存されており，利用者が Web ページを閲覧するためには，Chrome や Edge のような Web ブラウザ（以下，ブラウザと呼ぶ）を利用する必要がある．

　各 Web ページは URL（Uniform Resource Locator）というアドレスをもっている．URL とは，WWW 上に存在する情報資源（文書や画像など）の場所を指し示す記述方式のことである．つまり，WWW における情報の「住所」に相当するものである．URL は図 3.1 に示されるように，サービスの種類，サーバ名と，メールアドレスと同じように，組織名称，組織種別，国記号などで構成されている．

　ブラウザを利用して Web ページを見るためには，見たい Web ページの URL を指定する必要がある．利用者が見たい Web ページの URL をブラウザに入力すると，その URL が示している WWW サーバから Web ページを取得して，画面にその Web ページが表示される（図3.2）．

図 3.1　URL

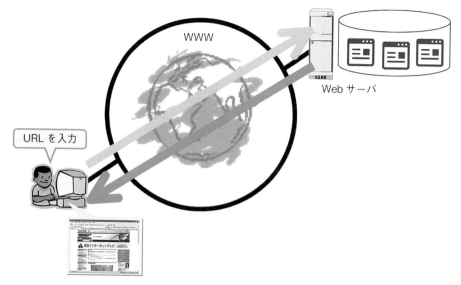

図3.2　WWW で情報を閲覧できる仕組み

コラム：ブラウザのセキュリティ

　インターネットはその構造上，多数のネットワークやコンピュータを経由して情報を伝達するため，その途中で情報の盗聴や改ざんなどの不正が行われる危険性がある．現在は，このような危険性から情報を守る方法として，SSL（Secure Sockets Layer）やその改良版である TLS（Transport Layer Security）と呼ばれる暗号化技術が広く利用されており，主要なブラウザで標準で利用可能となっている．SSL に対応した Web サーバは「https://」で URL がはじまり，あらかじめブラウザに登録されている認証局と呼ばれる会社から電子証明書の発行をうける必要がある．

　しかし，フィッシング[1]と呼ばれる詐欺行為などは，暗号化技術だけでは防ぐことはできない．したがって，個人情報の入力を求める Web ページには十分注意を払う必要がある．

3.2　ブラウザの使い方

　WWW 上にあるたくさんの Web ページを閲覧するためには，まずブラウザの使い方を習得する必要がある．ブラウザは，図3.3 に示されるように，「操作ボタン」と「アドレス入力ボックス」があり，さまざまな操作ができるようになっている．

　操作3.1：ブラウザ（Chrome）の起動

　ブラウザは，以下のいずれかの方法で起動することができる．

　◇**方法1**：アイコンからの起動

　　　　画面上のアイコン（図3.4）をダブルクリックする．

1　金融機関などからの電子メールや Web ページを装い，暗証番号やクレジットカード番号などを搾取する詐欺のこと．

図 3.3　ブラウザ（Chrome）

図 3.4　ブラウザのアイコン

◇**方法2**：スタートメニューからの起動

　　　　　画面左下のスタートボタン→スタートメニュー→［Chrome］を選択する．

　ブラウザを起動すると，最初に表示されるように設定されている Web ページ（ホームページという）が表示される．ブラウザの操作ボタンを利用してできる作業を表3.1に示す．

表3.1　ブラウザの操作ボタンの説明（Chrome）

←	[戻る] ボタン 直前に表示していたページに戻る.
→	[次に進む] ボタン [戻る] ボタンで戻る前のページに行く.
↻	[再読み込み] ボタン 多くの Web ページは刻々と内容が更新されているので，最新の内容を表示したい場合はこのアイコンをクリックする.
☆	[ブックマーク] ボタン 「ブックマーク」（後述のコラム：ブックマークを参照のこと）に追加する.
⋮	[設定] ボタン ブラウザの設定や印刷などをしたい場合はこのアイコンをクリックする.

コラム：ブラウザの種類

　世界初のグラフィカルなブラウザは NCSA（National Center for Supercomputing Applications）によって開発された Mosaic であるが，今ではさまざまなブラウザが存在する.
　現在の代表的なブラウザは，以下のとおりである.

・Google 社の Chrome
・Microsoft 社の Edge
・Opera Software 社の Opera
・Mozilla Foundation が開発・公開している FireFox
・Apple 社の Safari

　基本的には，どのブラウザを用いても同じように Web ページを閲覧することができるが，うまく閲覧できない場合もあるので注意が必要である.

3.3　Web ページの閲覧

Web ページを閲覧する主な方法として，以下の2つの方法がある.

・リンクをたどる方法
・URL を直接指定する方法

3.3.1　リンクをたどる方法

リンクとは，文書内に埋め込まれた，他の文書や画像などの位置情報のことである．リンクのある場所（通常は，青字で下線がついており，マウスポインタ「矢印（↳）」が，「指差しマーク（☝）」に変化するところ）をクリックすると，関連づけられたリンク先にジャンプする.

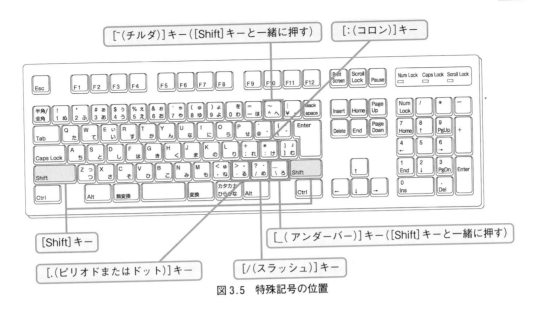

図3.5 特殊記号の位置

問題3.1

ブラウザを起動して，最初に起動されるWebページ上にマウスポインタをもっていき，「矢印（◈）」が「指差しマーク（☝）」に変化するところを探してクリックしてみよう．

3.3.2 URLを直接指定する方法

WWW上で情報を閲覧する方法として，目的とするWebページのURLを指定して閲覧するやり方がある．URLを入力する際には，「/（スラッシュ）」「:（コロン）」「.（ピリオドまたはドット）」「~（チルダ）」「_（アンダーバー）」（位置については，図3.5参照）などの特殊記号に注意する必要がある．

 操作3.2：URLの入力

◇**方法1**：アドレス入力ボックスに直接入力する方法
　　　　① 「アドレス入力ボックス」にマウスポインタをもっていきクリックする．
　　　　② 閲覧したいWebページのURLを直接入力する．

◇**方法2**：メニューバーから開く方法（メニューバーがある場合）
　　　　① メニューバーから［ファイル（F）］→［開く（O）］を選択する．
　　　　② 「ファイルを開く」ダイアログボックスが表示されるので，「開く（O）」欄に閲覧したいWebページのURLを正しく入力し，［OK］ボタンをクリックする．たとえば，文部科学省のWebページであれば「https://www.mext.go.jp/」と正しく入力する．

図3.6　首相官邸の Web ページ

問題3.2

首相官邸の Web ページ（図3.6）の URL（https://www.kantei.go.jp/）を入力し，どのような情報が掲載されているか調べてみよう．

コラム：ブックマーク

「ブックマーク」とは，頻繁にアクセスする Web ページの URL をあらかじめ登録するものである．ブラウザには最初からいくつかよく使われる Web ページが登録されている．登録されている名前をクリックするだけで，その登録されている Web ページが表示される．

今見ている Web ページを「ブックマーク」に追加するには，ブラウザの右上にある ☆ をクリックするかメニューバーから［ブックマーク］を選択すればよい．するとダイアログボックス（図参照）が表示され，「ブックマーク」の名前と保存場所を聞かれるので，それらを指定したあと［OK］ボタンをクリックする．するとこの Web ページが「ブックマーク」に追加される．

ブラウザで「ブックマーク」機能を使用すると，頻繁にアクセスする Web ページを簡単に表示することができる．うまく利用すれば，アドレスを覚えたり，入力する必要がなくなり，効率的に作業することができる．

ブックマークに追加

3.4　情報検索と生成系 AI

3.4.1　検索エンジン

　インターネット上には非常にたくさんの Web ページが存在しているため，リンクをたどる方法や直接 URL を入力する方法だけでは，必要とする情報を得ることがむずかしい．効率よく必要な情報を得るためには，**検索エンジン**（サーチエンジン）を使いこなす必要がある．検索エンジンとは，インターネットで公開されている情報をキーワードなどを使って検索できる Web サイトのことで，代表的なものとして，以下のようなものがある．

　　・Google（グーグル，https://www.google.com/）（図 3.7 左）
　　・Bing（ビング，https://www.bing.com/）（図 3.7 右）

　検索エンジンは図 3.8 に示される手順で必要な情報の掲載されている Web サイトや Web ページに関する情報を提供する．

　1 つのキーワードで検索される Web ページ数は，登録されている Web ページ数に依存するので，検索エンジンによって異なる．いろいろな検索エンジンを利用してみて，その特徴を把握しておくとよい．

図 3.7　Google と Bing

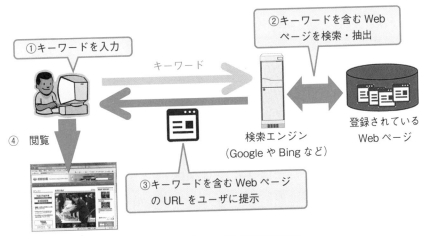

図 3.8　検索エンジンの処理の流れ

図3.9　Googleの検索結果画面

図3.10　Bingの検索結果画面

操作3.3：Googleでの情報検索

① ブラウザにGoogleのURL（https://www.google.com/）を入力する.

② 検索ボックスにキーワードを入れて, ［Google検索］ボタンをクリックする.
たとえば, 「首相官邸」のWebページを検索する場合は, キーワードとして「首相官邸」と入力する.

③ 検索結果（図3.9）のなかから, 見たいWebページをクリックする.

操作3.4：Bingでの情報検索

① ブラウザにBingのURL（https://www.bing.com/）を入力する.

② 検索ボックスにキーワードを入れて, ［検索］ボタンをクリックする.
たとえば, 「首相官邸」のWebページを検索する場合は, キーワードとして「首相官邸」と入力する.

③ 検索結果（図3.10）のなかから, 見たいWebページをクリックする.

問題3.3

Yahoo! と Google でキーワードとして自分の名前を入力し，どのような情報が存在しているか調べてみよう．

コラム：さまざまなコミュニケーションメディア

インターネットの普及により，さまざまな新しいコミュニケーションメディアが登場してきた．その代表的なものがブログや，SNS（ソーシャルネットワーキングサービス），X（旧 Twitter），LINE である．さらに近年では，短尺の動画をシェアできるスマートフォン向けのサービスで，SNSの一種である TikTok なども注目を集めている．

ブログとは狭義には WWW 上の Web ページの URL とともに覚え書きや論評などを加え記録（Log）している Web サイトのことで，"Web を Log する"という意味で Weblog と名づけられている．ブログのそれぞれの項目にはタイトルがつけられ，通常，時間軸やカテゴリで投稿が整理，分類される．ブログの最大の特徴は，ある他人の記事に対し，自身のブログにて言及したことを通知する機能（トラックバックと呼ばれる）などを通じて，コミュニティを形成できる点である．

SNS とは，参加するユーザが互いに自分の趣味，好み，友人，社会生活などのことを公開しあいながら，幅広いコミュニケーションを取り合うことを目的としたコミュニティ型の Web サイトのことである．「Facebook」や「Instagram」などが世界的に有名である．

X とは，個々のユーザが 140 文字以内の短文のメッセージをポスト（ツイート，投稿）することで，ゆるいつながりを持つことを可能にするコミュニケーションメディアである．X は，リアルタイムでメッセージを交わしコミュニケーションを取るという点ではチャットに近く，ひとりごとのようなポストを気軽にエントリーして蓄積するという意味でブログの要素も持っている．また，他のユーザをフォローし，それによって相互にコミュニケーションをはかるという点では SNS の要素も持っている．

LINE とは，スマートフォンやパソコンに対応したコミュニケーションアプリケーションで，「チャット（トーク）」や「通話」を無料で楽しむことができる．

TikTok は動画に特化した SNS の一種で，アプリ内のツールとして動画撮影・編集機能が用意されており，スマートフォンさえあれば誰でも簡単に動画を撮影，編集し投稿することが可能である．

3.4.2 キーワード検索

キーワードは Web ページを特定するための情報であり，検索エンジンを使った検索で欠かせないものである．キーワードの種類としては，「だれが」，「なにを」，「いつ」，「どこで」，という 4W（Who, What, When, Where）が代表的なものである．

一般的には，What と Who に関するキーワードを利用し，補助的なものとして，When と Where に関するキーワードを用いるとよい．効率的な検索を行うためには，複数のキーワードを検索演算子（表3.2）を用いて組み合せて利用するとよい．また，複数のキーワードをフレーズとしてまとめて検索する（指定したキーワードの順番を保持して検索する）ことも可能である．

複数のキーワードを組み合わせて検索する場合は，検索エンジンの**検索オプション**を利用す

るとわかりやすい.

表3.2　検索演算子

種類	意味
A AND B	A と B の両方が含まれる検索
A OR B	A または B が含まれる検索
A NOT B	A を含み，B を含まない検索

操作3.5：Google の検索オプションを利用した情報検索

① 画面右下にある「設定」（図3.11）をクリックし，［検索オプション］を選択すると，検索オプション画面（図3.12）が表示される.

② 以下を参考に，該当する検索条件の欄にキーワードを入力する.

◇AND検索：「すべてのキーワードを含む」の欄にキーワードを入力する.
　例）新宿のケーキ屋さんを検索したい場合は，キーワードとして「新宿」，スペースを空けて，「ケーキ屋」と入力すればよい.

◇OR検索：「いずれかのキーワードを含む」の欄にキーワードを入力する.
　例）アメリカもしくは米国に関する情報を検索したい場合は，キーワードとして「アメリカ」，スペースを空けて，「米国」と入力すればよい.

◇NOT検索：「含めないキーワード」の欄に含めたくないキーワードを入力する.
　例）中古品ではない時計を検索したい場合は，「すべてのキーワードを含む」の欄にキーワードとして「時計」を入力し，「含めないキーワード」の欄に「中古」と入力すればよい.

◇フレーズ検索：「語順も含め完全一致」の欄にフレーズを入力する.
　例）「World Wide Web」について検索したい場合，そのまま入力して検索すると，これらの3つの単語がどのような順番であれすべて含まれる Web ページを検索してしまう. 入力したとおりの順番でそのキーワードが含まれている Web ページのみを検索するためには，「フレーズを含む」の欄に「World Wide Web」と入力すればよい.

図3.11　Google の検索画面

図 3.12　Google の検索オプション画面

③　検索結果の絞り込み
　　◇**言語**：検索対象とするページの言語を選択する.
　　◇**地域**：特定の地域に属するページのみを検索対象にする.
　　◇**最終更新**：最終更新日が指定の範囲に該当するページを検索対象にする.
④　［詳細検索］ボタンをクリックする.

　Google には，数十億にも及ぶ Web ページから検索を行う Web 検索のほかに，WWW 上で画像や動画の検索を行える「画像検索」，「動画検索」，ドラッグできる地図上で地域情報や地図の検索を行える「地図検索」，何千ものニュースソースからニュース記事の検索を行える「ニュース検索」の機能もある.

問題3.4

検索エンジンを用いて，自分と同じ誕生日の有名人を探してみよう.

コラム：Google の仕組み

　検索キーワードに対して，どのような Web ページが上位に表示されるかに使われる評価関数は検索エンジンごとに異なるが，Google などが採用している基本的な方法は「重要な Web ページからリンクされた Web ページが重要である」という基準である.

　Google では PageRank という概念を用い Web ページをランクづけし，ランクの高い Web ページから優先的に検索されるようになっている. この PageRank の概念とは，Web ページ A から Web ページ B へのリンクを Web ページ A による Web ページ B への支持投票とみなし，この投票数によりその Web ページの重要性を判断するというものである[3]. さらに Google は単に票数，つまりリンク数を見るだけではなく，票を投じた Web ページについても分析している. 「重要度」の高い Web ページによって投じられた票はより高く評価されて，それを受け取った Web ページを「重要なもの」にしていくなどの工夫も取り入れられている.

3.4.3　効果的な検索を行うために

効果的な検索を行うためには，以下の点に注意してキーワードを考えていくとよい．

・**目的の情報を含む Web ページをイメージする**

目的となる情報が存在する Web ページを想像し，そこにあるべき語句やフレーズをキーワードとして採用する．たとえば，どのような祝日が存在するか調べたいときは，そのような情報を含む Web ページがどのような形であるかをまず想像する．この場合は，表形式の一覧表になっている可能性が高いのでキーワードとして，「祝日」と「一覧」と入力して検索すればよい．

・**表記の違いに注意をはらう**

検索エンジンの世界では，漢字，ひらがな，カタカナ，英語，同義語，関連語など，表記が違えば検索結果も異なる．最近，表記のゆれを吸収してくれる検索エンジンもあるが完全ではないので，複数の表記法がある場合は，そのすべてを OR 検索してみるとよい．

・**キーワードの組合せを工夫する**

キーワードは，異なる意味のものを組み合せたほうが効果的である．

・**検索結果からより適切なキーワードを探す**

多少よさそうな Web ページが見つかっても，そこで満足せず，その Web ページをよく見てみよう．検索当初はキーワードとして思いつかなかったより適切なキーワードやフレーズがあることが多い．そのキーワードで再検索すると，さらに質の高い検索結果を得ることができる可能性が高い．

問題3.5

(1)　東京のお土産にはどのようなものがあるか探してみよう．

(2)　さらに予算が3000円だとした場合，どのようなものがあるか探してみよう．

コラム：AI と検索エンジン

　近年，OpenAI 社が開発した「ChatGPT（https://chat.openai.com/）」に代表される対話型の生成系 AI（人工知能）が注目を集めている．そして，この生成系 AI を活用した検索エンジン（AI 検索エンジン）も提案されてきている．生成系 AI を利用すると質問に対して自然な文章で回答されるので，AI 検索エンジンを利用すると人に会話で質問しているように検索することが可能となる．

　3.4.1 項で紹介した Microsoft 社の Bing は，対話型 AI を組み込んだ Copilot（Bing チャット）の機能を提供しており，Web 検索の結果をもとに回答を生成する（下図参照）．さらに回答のもととなった Web サイトのリンクもあわせて提示されるので，ソースの確認も簡単にできる．

Copilot

使い方は以下の通りである．

① 質問を入力する．

Copilot の Web ページにアクセスし，質問を入力すると，Web 検索の結果をもとに自然な文章で回答される．

② 回答のもとになった Web サイトを表示する．

回答とともに，回答のもとになった Web サイトのリンクも表示されるので，どのような情報をもとに回答が生成されたのかを容易に確認できる（下図参照）．

Copilot の回答

3.4.4 インターネット上の情報の信憑性

インターネットはとても便利な情報収集ツールだが，インターネット上の情報には信憑性が低いものもあるという注意点もある．

- インターネット上の情報は，新聞やテレビなどとは異なり，チェックされたものだけが公開されているわけではない．
- インターネットでは誰でも情報発信者になることができるので，個人の意見・感想や，フェイクニュースも存在する．

したがって，インターネット上の情報を確認せず，鵜呑みにしてはいけない．インターネット上には嘘や間違った情報や，偏った情報もあるということを頭に入れ，自分で情報の信憑性を確認するようにしよう．

✓チェックすべきポイント

- その情報が古いものではないか，情報が掲載された日付を確認する．
- 情報が掲載されているサイトや，情報の提供元が信頼できるか確認する．
  - ▶官公庁や新聞社などの大手メディアが出している情報，大手企業が発信している情報などは信頼性が高い．
- 複数の異なるサイトや，新聞や書籍，テレビなど複数のメディアから情報を集める．
  - ▶複数の人やメディアがそれぞれの言葉で報じている場合は，本当である可能性が高い．
- SNSなどで話題になっている情報は，転載されたものではなく，一番元の情報に当たる．
  - ▶一部の文章だけが話題になっている場合は全文を読んで内容を確認したり，画像なら加工されていないか確認する．

3.4.5 図書検索と論文検索

図書や論文を検索する場合は，OPAC（オパック，オーパック）やCiNii（サイニィ，https://ci.nii.ac.jp/）を用いるとよい．

OPACとはOnline Public Access Catalogの略で，図書館におけるオンラインの蔵書目録のことであり，ほとんどすべての公共図書館および大学図書館で導入されており，通常は大学のホームページにリンクが張られている（図3.13）．

CiNiiとはCitiation Information by NIIの略で，国立情報学研究所が運営する技術論文や図書，雑誌などの学術情報データベースである（図3.14）．

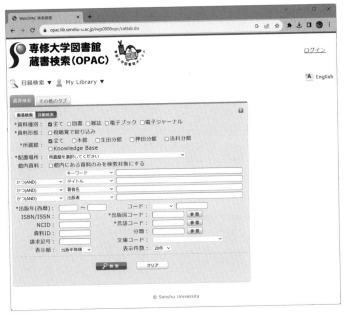

図 3.13 OPAC

図 3.14 CiNii

コラム：検索エンジンの種類

　検索エンジンにはさまざまな種類があり，その特徴に応じて使い分けたほうがよい結果が得られることがある．以下に，その種類と代表的な検索エンジンの URL をあげる．

◇地図検索

　　Google マップ（https://maps.google.com/）

◇画像検索

　　Google 画像検索（https://www.google.com/imghp）

◇ナレッジサーチ

　　Yahoo!知恵袋（https://chiebukuro.yahoo.co.jp/）

　　はてな（https://b.hatena.ne.jp/）

　　教えて！goo（https://oshiete.goo.ne.jp/）

◇プロダクトサーチ

　　価格.com（https://www.kakaku.com/）

　また，専門的な情報については専用の検索サイトを利用したほうがよい場合がある．

◇新聞記事の検索

　　asahi.com（https://www.asahi.com/）

　　YOMIURI ONLINE（https://www.yomiuri.co.jp/）

◇オンラインソフト

　　窓の杜（https://www.forest.watch.impress.co.jp/）

　　Vector（https://www.vector.co.jp/）

◇書籍

　　紀伊国屋（https://www.kinokuniya.co.jp/）

　　Amazon（https://www.amazon.co.jp/）

問題3.6

コンビニエンスストアの Web ページを検索し，そのレビューをしよう．なお，ここでレビューすべき事柄は，Web ページのタイトル，URL，各 Web ページのデザインや内容に対する意見や感想である．

3.4.6　生成系 AI の使用

　近年注目を集めている ChatGPT（OpenAI 社）や Copilot（Microsoft 社），Bard（Google 社）などの対話型の生成系 AI は，あたかも人間と会話をしているかのような自然な応答が可能であり，うまく使うことができれば作業時間を大いに節約でき，重要な仕事に専念できるというメリットを得ることができる．

　ここでは，まず誰でも簡単に利用することができるサービスである ChatGPT を例に，その使い方を学ぶ．ChatGPT はチャットによる対話を基本としており，チャット欄に入力する文章のことをプロンプト（指示文）と呼ぶ．このプロンプトをどのように記述するかが，

ChatGPT の性能を十分に引き出すための鍵となる．ChatGPT の特徴は，従来の情報検索とは異なり，対話を繰り返しながら目的の答えに近づいていくことにある．したがって，最初の質問で思い通りの答えが出なかったとしても，「もっと詳しく教えてほしい」や「具体例をあげて」といった対話を続けていくことによって，ChatGPT からより良い回答を得ることができるようになる．

操作 3.5：ChatGPT の使用

① ChatGPT の HP（https://chat.openai.com/）にアクセスし，[Sign up] を選択してアカウント登録する．
② 質問文を入力し，その回答を確認する．
③ 回答に対し対話を続け，その回答を確認する．

問題3.7

Copilot や Bard も使用してみよう．

　ChatGPT のような生成系 AI は，人間と自然に対話しているように思えても，その意味内容を理解して応答しているわけではない．生成系 AI は，あらかじめ膨大な量の情報から学習して構築した大規模言語モデルに基づき，ある単語や文章の次にくる文章を推測し，「統計的にそれらしい回答」を生成しているにすぎない．したがって，生成系 AI からの回答の真偽は，最終的に必ず人間が判断しなければならないことを，忘れないようにする必要がある．（文部科学省初等中等教育局（2023）「初等中等教育段階における生成 AI の利用に関する暫定的なガイドライン」）

　また，上記以外に生成系 AI を使用する場合，以下の点に注意する必要がある．（文部科学省高等教育局専門教育課（2023）「大学・高専における生成 AI の教学面の取り扱いについて」より一部抜粋）

・大学での学修に利用する場合の留意点
　　大学における学修は学生が主体的に学ぶことが本質であり，生成 AI の出力をそのまま用いるなど学生自らの手によらずにレポートなどの成果物を作成することは，学生自身の学びを深めることに繋がらないため，一般に不適切と考えられるので，注意すること．また，生成 AI の出力に著作物の内容がそのまま含まれていた場合，これに気付かずに当該出力をレポートなどに用いると，意図せずとも剽窃に当たる可能性があることにも注意を払う必要がある．

・生成系 AI の技術的限界
　　大規模言語モデルを活用した生成系 AI は，基本的に，ある語句の次に用いられる可能性が確率的に最も高い語句を出力することで文章を作成していくものであり，AI により生成された内容には虚偽が含まれていたり，バイアスがかかっていたりする可能性がある．こうした技術的限界を把握した上で，インターネット検索などと同様に，出力された内容の確認・裏付けを行うことが必要である．

・機密情報や個人情報などの流出・漏洩の可能性

　　生成系 AI への入力を通じ，機密情報や個人情報などが意図せず流出・漏洩する可能性があるため，一般的なセキュリティ上の留意点として，機密情報や個人情報などを安易に入力することは避けることが必要である．生成系 AI の種類によっては，入力の内容を生成系 AI の学習に使用させない（オプトアウト）ことができることもあるので，確認すること．

・著作権に関する留意点

　　他人の著作物の利用について，著作権法に定める権利（複製権や公衆送信権など）の対象となる利用（複製やアップロード）を行う場合には，原則として著作権者の許諾が必要となる．生成系 AI を利用して生成した文章などの利用により，既存の著作物に係る権利を侵害することのないように留意する必要がある．

　多くの学校や組織は生成系 AI の利用に関するガイドラインを公開している．特に大学では，授業や試験，レポート課題作成時の利用に関する取扱いを定めていることが多いので，確認しておく必要がある．

問題3.8

所属している学校や組織の生成系 AI の利用に関するガイドライン調べてみよう．さらに他の学校や組織のガイドラインも調べ，比較してみよう．

3.5　Web ページの仕組み

3.5.1　Web ページを構成しているファイル

　わたしたちがブラウザを通してみることができる Web ページは，1 つのファイルではなく，テキストファイルや画像ファイルなど，たくさんのファイルで構成されている．ここでは，そのことを確認するために Web ページのソースを閲覧してみる．

操作 3.6：Web ページのソースの閲覧
① ソースを閲覧したい Web ページをブラウザで表示する．
② ブラウザ右上の［設定：⋮ ］ボタンをクリックし，［その他のツール］→［デベロッパーツール］を選択する（図 3.15）．

　Web ページの仕組みの簡単な例を図 3.16 に示す．Web ページを構成しているファイルのなかで一番重要なのは，HTML ファイルである．HTML とは **Hyper Text Markup Language** の略で，Web ページを記述するための言語のことである．

3.5.2　HTML 文書の構造

　HTML は文書に関する情報を記述する「ヘッダ部分」と本文を記述する「本体部分」から

図 3.15　Web ページのソース

成り立っている（図 3.17）.

　ヘッダ部分とは，文書のタイトルや，文書の説明，キーワード，文字コード，スタイルシート[2]に関する情報などの設定を行う部分であり，「head 要素」により表される．本体部分とは，実際にブラウザに表示される部分であり，「body 要素」により表される．そして，この 2 つの要素をまとめるものとして「html 要素」がある．すなわち，1 つの HTML 文書は 1 つの html 要素で表される．

2　フォントの種類や文字の大きさ，色，行間の幅など文書の書式に関する設定を行う．

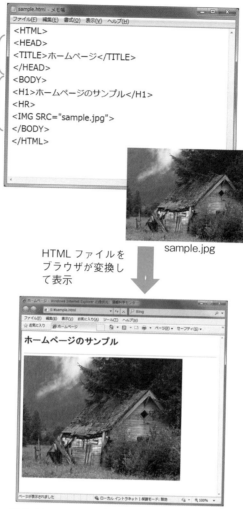

HTMLファイルを
ブラウザが変換し
て表示

図3.16 Webページの仕組み

図3.17 HTML文書の構造

コラム：サイバーセキュリティ

　インターネットに関連する技術は，日々急速に進歩している．それに伴い，私たちの生活はより便利になり，仕事の効率も上がってきている．しかし良いことばかりではなく，進歩したインターネット技術を悪用して，コンピュータウイルスや迷惑メールの送信，コンピュータへの不正侵入，インターネット上での詐欺行為，プライバシーの侵害などの問題も発生しており，インターネットを利用する上で，私たちははさまざまな危険にさらされているといっても過言ではない．では，インターネットを安心・安全に使うためには，どうすればいいか？

　インターネットを安心・安全に使うためには，まずインターネットやコンピュータについて確かな知識を身に付け，サイバーセキュリティについての適切な対策を習得する必要があるが，まずは以下の3つの対策を心がけよう．詳細については，総務省の「国民のための情報セキュリティサイト」（https://www.soumu.go.jp/main_sosiki/cybersecurity/kokumin/index.html）を参照せよ．

・原則1　ソフトウェアの更新

　　OS（基本ソフト）やWebブラウザなどのソフトウェアでは，脆弱性と呼ばれるサイバーセキュリティ上の問題（弱点）が発見されることがある．この問題を解決するためには，ソフトウェアメーカーなどから提供される修正プログラムを定期的に適用して，できる限りソフトウェアを最新の状態に保つようにしよう．

・原則2　IDとパスワードの適切な管理

　　IDやパスワードを適切に管理し，他人に情報機器や各種サービスを勝手に利用されてしまう「なりすまし」の被害にあわないようにしよう．具体的には，パスワードは他人に容易に想像されないものにし，同じパスワードを複数のサービスで使い回さないなどの対策が必要である．また，IDやパスワードをメモした場合は他人の目につきにくいところに大切に保管する，などの対策も必要である．

・原則3　ウイルス対策ソフト（ウイルス対策サービス）の導入

　　ウイルスに感染しないために，使用しているパソコンや機器のソフトウェアを最新の状態にするとともに，ウイルス対策ソフトを導入したり，インターネットサービスプロバイダが提供しているウイルス対策サービスを利用したりしよう．

章末問題

1. 検索エンジンを用いて自分が住んでいる街についてくわしく調べてみよう．
2. 温泉があるスキー場を探してみよう．
3. 自分がよく見ているWebページのソースを見てみよう．

参考文献

[1] 魚田勝臣編著，『グループワークによる情報リテラシ 第2版―情報の収集・分析から，論理的思考，課題解決，情報の表現まで』，共立出版，2019.

[2] 情報教育学研究会・情報倫理教育研究グループ編，『インターネットの光と影 Ver.6―被害者・加害者にならないための情報倫理入門』，北大路書房，2018.

[3] Google：ページランク特許，<http://www.google.com/patents/US6285999>，2015.1.7 参照．

[4] 総務省：「国民のための情報セキュリティサイト」，https://www.soumu.go.jp/main_sosiki/cybersecurity/kokumin/index.html，2023 年 9 月 26 日参照

[5] 文部科学省初等中等教育局（2023）「初等中等教育段階における生成 AI の利用に関する暫定的なガイドライン」文部科学省：https://www.mext.go.jp/content/20230718-mtx_syoto02-000031167_011.pdf

[6] 文部科学省高等教育局専門教育課（2023）「大学・高専における生成 AI の教学面の取り扱いについて」文部科学省：https://www.mext.go.jp/content/20230714-mxt_senmon01-000030762_1.pdf

第4章
文書の作成

　本章では Microsoft Word（以下 Word と略す）を使って文書を作成する方法を学ぶ．Word は，Microsoft 社が製品化したワープロソフトで，レポート作成，論文作成，チラシ作成など，さまざまな場面で世界的に広く利用されている．

　本章では，4.1 節で，ビジネス書信を題材に文章の入力や書式の設定など基本的な文書作成の方法を学び，4.2 節で，新商品を紹介するチラシを題材に文書中に図や写真や表を配置する方法を学ぶ．

4.1　文書作成の基本—ビジネス書信の作成

　ビジネス書信は，一定の様式によって構成されている．以下では，それらの様式について理解した後，その作成方法を学ぶ．

4.1.1　ビジネス書信の構成

　ビジネス書信の例として，コンビニエンスストアの本部である株式会社里山が，パートナーである加盟店向けに送る商品販売セミナーの案内状を取り上げる．その構成例を図 4.1 に示す．図には，文書の左右の欄外にビジネス書信を構成する要素の名前を示す．以下，それぞれの要素に対する一般的な注意事項を述べる．

(1) 前付け
①日付
　文書が発信された日付を書く．一般に右端に揃える．
②宛先
　会社名，役職，氏名を省略せずに書く．会社名は，㈱などと略さず，「株式会社」と正確に書く．相手の役職や肩書きも正式なものを書く．氏名は，略字を使わず本字を書く（たとえば「渡辺」と「渡邊」の字体の違いに注意する）．また，個人に対しては「様」や「殿」，組織に対しては「御中」と敬称をつける．宛先は，左端に揃える．
③件名
　件名は，内容が一目で理解できるように簡潔に書く．中央に揃え，強調するための下線を引いてもよい．
④発信者名
　発信者名は，所属や役職とともに右端に揃えて書く．住所や連絡先を書く場合もある．通常，宛先より小さめのフォントを使う．

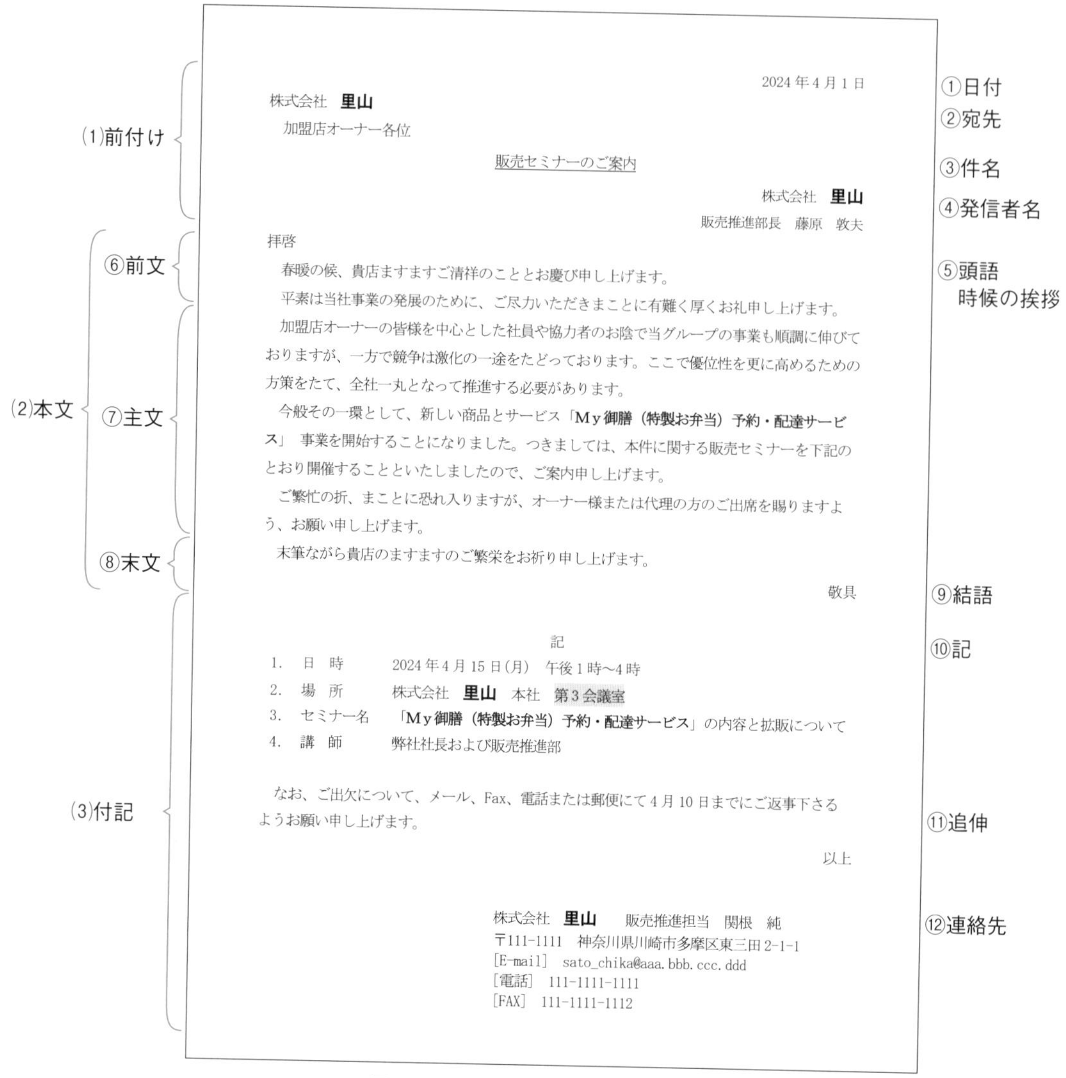

2024年4月1日

株式会社 **里山**

加盟店オーナー各位

販売セミナーのご案内

株式会社 **里山**

販売推進部長 藤原 敦夫

拝啓

春暖の候、貴店ますますご清祥のこととお慶び申し上げます。

平素は当社事業の発展のために、ご尽力いただきまことに有難く厚くお礼申し上げます。

加盟店オーナーの皆様を中心とした社員や協力者のお陰で当グループの事業も順調に伸びておりますが、一方で競争は激化の一途をたどっております。ここで優位性を更に高めるための方策をたて、全社一丸となって推進する必要があります。

今般その一環として、新しい商品とサービス「**My御膳(特製お弁当)予約・配達サービス**」事業を開始することになりました。つきましては、本件に関する販売セミナーを下記のとおり開催することといたしましたので、ご案内申し上げます。

ご繁忙の折、まことに恐れ入りますが、オーナー様または代理の方のご出席を賜りますよう、お願い申し上げます。

末筆ながら貴店のますますのご繁栄をお祈り申し上げます。

敬具

記

1. 日 時 2024年4月15日(月) 午後1時～4時
2. 場 所 株式会社 **里山** 本社 第3会議室
3. セミナー名 「**My御膳(特製お弁当)予約・配達サービス**」の内容と拡販について
4. 講 師 弊社社長および販売推進部

なお、ご出欠について、メール、Fax、電話または郵便にて4月10日までにご返事下さるようお願い申し上げます。

以上

株式会社 **里山** 販売推進担当 関根 純
〒111-1111 神奈川県川崎市多摩区東三田2-1-1
[E-mail] sato_chika@aaa.bbb.ccc.ddd
[電話] 111-1111-1111
[FAX] 111-1111-1112

図4.1 ビジネス書信の例と構成

(2) 本文

⑤頭語

頭語と結語は組にして使用する.一般に,頭語「拝啓」で始まり,結語「敬具」で終わる.返信の際は,頭語に「拝復」も使われる.簡単な文書では,「前略」と「早々」の組合せも利用される.

⑥前文

相手の安否の問合せや感謝の気持ちを表現する.「拝啓」で始めたときは,一般に時候の挨拶が必要とされる.

⑦主文

主文は相手に伝えるべき情報の本体である.簡潔な文章を書くよう心がけたい.不必要に長い文章は誤解を生むもとになるので,短く区切って書く習慣を付けるとよい.特に強調したい部分は,**ゴシック体**にしたり下線を引いて強調する.なお,具体的な事柄は,本文が終わったあとに「記」としてまとめて書くことが多い.

⑧末文

文書を締めくくる文章である.

⑨結語

頭語と組になっている結びの語である.

(3) 付記

⑩記

「記」には大事なことの要点を示す.この部分だけを読む人も多いので,本文に書いたことも改めて書くぐらいの注意を払った方がよい.

⑪追伸

追記の文を書く.追記は長くならないように注意する.

⑫連絡先

受け取った人が文書の内容について問合せができるように連絡先を明示しておかなければならない.

4.1.2 ビジネス書信の作成手順

ビジネス書信(図4.1)を完成させるには,文章を少しずつ入力しながら逐次,体裁を整えていく方法と,文章を一通り入力したあとで,体裁を整える方法の二通りがある.どちらの方法でもよいが,ここではより効率的な後者の方法を用いたビジネス書信の作成手順を示す.この場合には,まず体裁を考えずに文章を入力する.これを粗打ちという(第1章コラム:粗打ちを参照のこと).この粗打ち文に対して,図4.2に示す方法で文書としての体裁を整える.体裁には,大きく分けるとページに関する体裁,段落に関する体裁,そして個々の文字に関する体裁がある.それぞれどのような設定ができるのかについて以下に述べる.

①ページに関する体裁の設定

文書中の各ページの上下左右の余白の大きさ,1ページあたりの行数,1行あたりの文字数,文字の書体(フォントと呼ぶ)など,ページの体裁を一括して設定することができる.

②段落に関する体裁の設定

段落とは,次に改行されるまでの一連の文章の集合である.段落毎に,左揃え,中央揃え,右揃えのような段落の配置,段落の字下げ(インデントと呼ぶ),段落内の文章の行間などの体裁を設定することができる.

③文字に関する体裁の設定

特定の文字を強調するため,ページ内の他の文字とは異なる文字の大きさ,フォントの種類,フォントの大きさ,太字体(ボールド体),斜字体(イタリック体),下線,網掛けなどの書式を設定することができる.

次項からは,Word を使った具体的な体裁の設定方法について述べる.

4.1.3 Word の起動と粗打ち文の読み込み

文書を作成するためにまず Word を起動する.

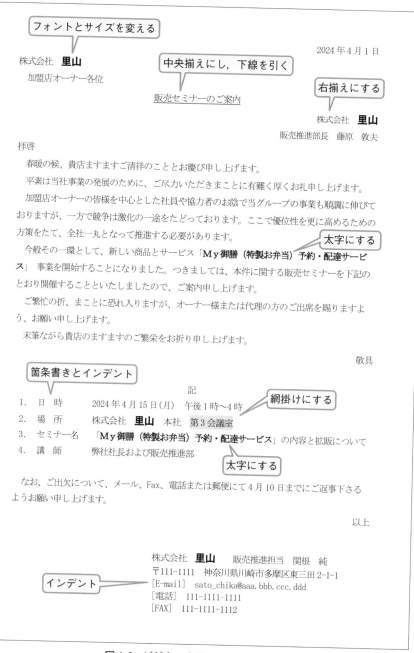

図4.2 ビジネス書信の体裁の整備

(1) Word の起動

Word は，次のように起動する．

操作 4.1：Word の起動

① 「スタート」画面上，あるいは，タスクバー上にピン留めされている「Word」のアイコンをクリックする．

② 起動すると，Word の初期画面（図4.3）が表示される．

③ はじめて文書を作成する場合には，[白紙の文書] を選択する．これにより，文書

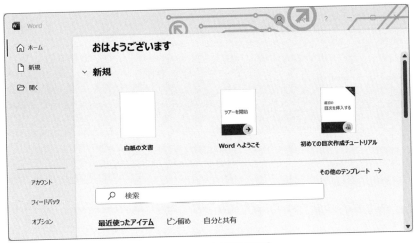

図 4.3　Word の初期画面

作成のための基本画面が表示される（図 4.4）[1]．一方，保存済みの文書を開く場合には，左にある［開く］をクリックした後，［参照］ボタンをクリックしてファイルを選択する．

(2) Word の画面構成

基本画面の構成を，図 4.4 により理解しよう．

①クイックアクセスツールバー（ウィンドウの最上段左）

この部分に表示されているアイコンをクリックすることによって，［上書き保存］，［元に戻す］などの頻度の高い操作を行うことができる．

②タイトルバー（ウィンドウの最上段中央）

現在開いているファイルの名前が表示される．

③リボン

リボンとは，タイトルバーの下に表示され，アイコンとして表示されたコマンドが集められた領域のことである．作業に必要なコマンドを見つけやすくするための工夫である．コマンドは作業の目的ごとに整理され，タブとしてまとめられている．さらに，各タブの中は類似のコマンドがグループ化され，グループ内の右下にダイアログボックス起動ツールのアイコン ⬓ がある．このアイコンをクリックするとダイアログボックスが起動され，詳細な設定を行うことができる．

図 4.4 では，［ホーム］タブに，［クリップボード］，［フォント］，［段落］，［スタイル］などのグループが配列されている．一部のタブは，操作の進行に伴って，必要なときに表示される．たとえば，［テーブルデザイン］，［レイアウト］タブは，表を選択したときに表示される．

④文書ウィンドウ

文書を表示するウィンドウである．

⑤スクロールバー（1.2.2 項を参照）

1　Word の設定によっては，起動時に最初から基本画面が表示されることがある．

図4.4　基本画面の構成

⑥ステータスバー（ウィンドウの最下段左）

　　現在のページ位置，文字数などが表示されている．

（3）粗打ち文の読み込みと保存

　　文章の粗打ちの方法には，Wordに直接，文章を入力する方法と，第1章に述べたように「メモ帳」を使って文章を入力する方法がある．すでに第1章の章末問題2において，「メモ帳」を使って文章が粗打ちされ，ファイルに保存されていることから，ここではそれを読み込み，Wordの文書形式で保存してみよう．ファイルを新しく保存する場合には，［名前を付けて保存］する．

操作4.2：粗打ち文のファイルを開いた後，名前を付けて保存

◆ファイルを開く

　①　［ファイル］タブ→［開く］メニュー→［参照］ボタンをクリックして，［ファイルを開く］ダイアログボックスを表示する（図4.5）．この際，右下に表示されたファイルの種別をクリックして，［すべてのファイル］としておく[2]．

　②　粗打ちしたファイルを選択すると，その内容が文書ウィンドウに表示される．ここでは，第1章の章末問題で粗打ちした文書ファイル「セミナー案内粗打ち」（種類が「テキストドキュメント」と表示されている）を選択し［開く］ボタンをクリックすると，その内容が表示される．

2　通常，ファイルの種類が「Word文書（*.docx）」になっていることが多く，その場合には，「メモ帳」で作成した粗打ち文書（拡張子が「.txt」）は表示されない．

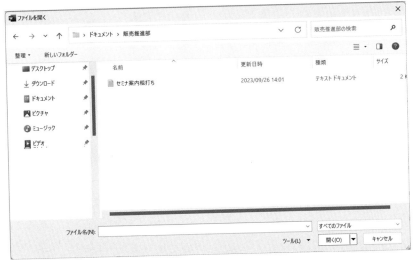

図 4.5 ファイルを開く

図 4.6 名前を付けて文書を保存

◆名前を付けて保存[3]

③ ［ファイル］タブ→［名前を付けて保存］メニューを選択すると，図 4.6 の画面が表示される．

④ ［ファイル名］に文書の名前「販売セミナー」を入力し，［ファイルの種類］は，［Word 文書（*.docx）］を選び，［保存］ボタンをクリックする．

4.1.4 ページの体裁の設定

この時点での文章には体裁は施されていない．そこで，次にページの体裁を整える．最近のビジネス書信では，A4 サイズの用紙を縦置きにして，横書きで使用する場合が多い．ここでは，

・用紙サイズ：A4
・印刷の向き：縦
・文字方向：横書き

---

3 一度保存した文書を再度保存する場合には，「上書き保存」する．操作方法は，4.1.9 項を参照すること．

図4.7　［ページ設定］ダイアログボックス

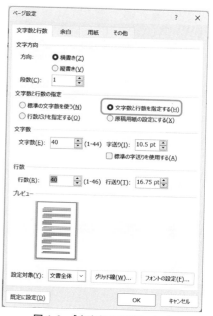

図4.8　［文字数と行数］タブ

・1行あたり文字数：40字
・1ページあたり行数：40行
・フォント：MS明朝
・フォントサイズ：10.5ポイント
・余白：すべて30 mm

としてページ設定をしてみよう[4].

操作4.3：ページの体裁の設定

①　［レイアウト］タブ→［ページ設定］グループの中の右下のダイアログボックス起動ツールのアイコン⊡をクリックする.

②　［ページ設定］ダイアログボックスが表示されるので，［余白］タブをクリックした後，上下左右の余白と印刷の向きを設定する（図4.7）.

③　［文字数と行数］タブをクリックして，文字数と行数を設定する（図4.8）[5]. この場合，［文字数と行数を指定する（H）］を選択しておく必要がある.

④　［文字数と行数］タブ→［フォントの設定（F）］ボタンをクリックすると，［フォント］ダイアログボックスが表示されるので，文書全体で使用するフォントを設定する（図4.9）.

⑤　すべての設定の終了後に［OK］ボタンをクリックすると，設定した内容が現在の文書に反映される.

4　余白を設定するときには，とじしろに注意しよう．通常，ページの左側を綴じることになるので，左の余白は15 mm〜20 mmはとった方がよい．これが少ないと，綴じたときに左端が見えなくなる.

5　文字数は目安であり，必ずしも40文字になるわけではない．文章を見やすくするために文字の間隔は，さまざまなルールに従って調整されているためである.

図 4.9 ［フォント］ダイアログボックス

4.1.5 段落の行揃え

次に読み込んだ粗打ち文の体裁を整える.

図 4.1 の文書を見ると,

- **左揃え**になっているもの：宛先, 本文など
- **中央揃え**になっているもの：件名,「記」
- **右揃え**になっているもの：日付, 発信者, 結語,「以上」

の 3 種類あることがわかる. これらは, 段落ごとに設定できる. ここでは, 件名「販売セミナーのご案内」を中央揃えにしてみよう[6].

 操作 4.4：段落の中央揃え
「販売セミナーのご案内」を含む段落をクリックし,［ホーム］タブ→［段落］グループの［中央揃え］ボタンをクリックする.

問題4.1

粗打ちした文書の行揃えを, 図 4.1 を見ながら以下のとおり設定してみよう.
- 右揃え：①日付, ④発信者名, ⑨結語,「以上」
- 中央揃え：③件名, ⑩記

4.1.6 箇条書きとインデント

「付記」の中の箇条書きした部分に通番を付け, 字下げをする.

(1) 箇条書きの設定

通番は, 手打ちで入力するのではなく, 箇条書きの設定により自動的に付与されるようにし

---

6 「販売セミナーのご案内」は件名のみを含むが, これも改行で終わっているので, 1 つの段落とみることができる.

図4.10　[番号ライブラリ]ダイアログボックス

てみよう．こうすることで，箇条書きの途中に行を追加したり，行を入れ替えたりしても自動的に通番が付与し直される．

操作4.5：箇条書きの設定

① 箇条書きしたい段落（「日時」から「講師」の行まで）を範囲指定し，[ホーム]タブ→[段落]グループの[段落番号]ボタンの横の▼を選択して，[段落番号]ダイアログボックスを表示させる（図4.10）．

② [番号ライブラリ]ダイアログボックスの中から，[1.2.3.]のスタイルを選ぶと，図4.11のような通番つきの箇条書きになる．

(2) インデントの設定

さらに，段落全体を1字下げて表示させることができる．この字下げのことをインデントと呼ぶ．インデントを利用することにより，複数の段落を一括して字下げすることができる．ここでは連絡先に対してインデントを設定する．

操作4.6：インデントの設定

① インデントしたい段落を範囲指定し，[ホーム]タブ→[段落]グループの[インデントを増やす]ボタンをクリックする．

② クリックするごとに1字ずつ下がっていく（右に移動する）．逆に[インデントを減らす]ボタンをクリックすると，1字ずつ上がる（左に移動する）．

```
1.→日□時□□2024 年 4 月 15 日(月)□午後 1 時〜4 時↵
2.→場□所□□□株式会社□里山□□本社□第 3 会議室↵
3.→セミナー名□□「Ｍｙ御膳（特製お弁当）予約・配達サービス」の内容および拡販について↵
4.→講□師□□□弊社社長□および□販売推進部↵
```

図 4.11　箇条書きの設定結果

(3) タブの設定

　図 4.11 を見ると，「2024 年」で始まる日時や，「株式会社」で始まる場所を縦に揃えるために，空白文字を入れて調整していることがわかる．しかし，これが可能なのは，MS 明朝やMS ゴシックなど，文字幅が同じフォントに限られる．MSP 明朝や MSP ゴシックのように，文字幅が文字によって変わる場合には，うまく揃えることができない．また，MS 明朝や MSゴシックであっても，設定によっては揃わない場合がある．そのような場合には，次のように，空白文字の代わりにタブ文字を使うことで，文字が開始する位置を調整できる．

操作 4.7：タブの設定
① 4 つの段落について，各段落の空白文字を消した後，それぞれの場所で，タブキー（キーボードの左上の Tab）を押しタブ文字を入力する．タブ文字は，右矢印として表示される．空白文字やタブ文字が表示されない場合には，［ファイル］タブ→［オプション］メニュー→［表示］メニュー→［タブ（T）］と［スペース（S）］にチェックマークを入れると表示される．この状態では，まだ文字の開始位置は揃っていない（図 4.12）．
② 次に 4 つの段落を同時に選択した上で，文書ウィンドウの上部にルーラー（目盛り）が表示されているので，ルーラー上をクリックすると，左揃えタブマーカー┗が表示される（8 cm と 10 cm の間）（図 4.13）．この左揃えタブマーカーを左右にドラッグすると，タブ文字の後の文字の開始位置を，4 つの段落について揃えることができる．

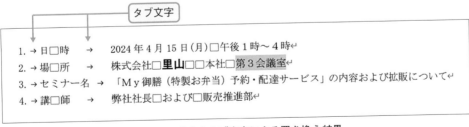

図 4.12　空白のタブ文字による置き換え結果

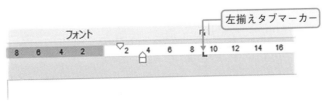

図 4.13　ルーラーとタブの開始位置

③　なお，ルーラーが表示されていない場合には，［表示］タブ→［表示］グループの［ルーラー］にチェックマークを入れよう．また，文字の開始位置が思ったように設定できない場合には，［Alt］キーを押しながら左揃えタブマーカーを左右にドラッグすると滑らかに移動できる．さらに左揃えタブマーカーをルーラー以外の場所にドラッグすると，左揃えタブマーカーは削除される．

コラム：インデント

インデントは，段落に対して操作4.6のように設定できるが，以下のような方法で，より精緻に設定することもできる．図aに示すルーラーをよく見ると，図bに示すインデントマーカーがあることがわかる．このインデントマーカーは，その段落の左端がどこから始まっているかを表しており，次のような意味がある．

・1行目のインデントマーカー（▽）：段落の1行目の文字の開始位置
・ぶら下げインデントマーカー（△）：段落の2行目以降の文字の開始位置

1行目のインデントマーカー ▽ を左右にドラッグすると，段落の1行目の文字の開始位置を変えることができ，ぶら下げインデントマーカー △ を左右にドラッグすると，段落の2行目以降の文字の開始位置を変えることができる．さらに，左インデントマーカー □ を左右にドラッグすると，2つのインデントマーカーの位置を同時に変えることができる．思った位置にうまくドラッグできないようなら，［Alt］キーを押しながらドラッグすると滑らかに移動できる．

図bの場合には，1行目が2行目以降よりも字下げされていることを表している．

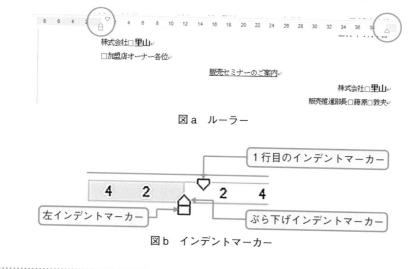

図a　ルーラー

図b　インデントマーカー

4.1.7　文字の書式の設定

文書全体に適用されるフォントの設定については，4.1.4項で述べたが，ここでは特定の文字列を強調するため，その設定とは異なるフォントの種類，フォントのサイズ，太字，斜体，下線，網掛けなどの書式を設定してみよう．

まず，前付けの「里山」のフォントを「MSゴシック」に，スタイルを「太字」に，サイズを「12ポイント」に設定してみよう．

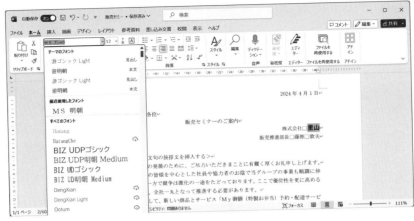

図4.14 フォントの指定

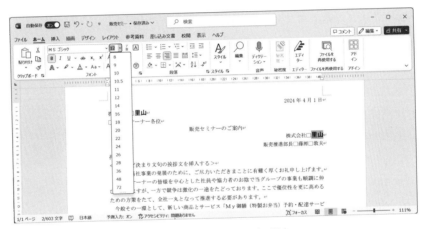

図4.15 フォントサイズの指定

 操作4.8：フォントの設定

① 「里山」をドラッグして選択する.

② ［ホーム］タブ→［フォント］グループの［フォント］（MS明朝などと表示）の▼をクリックしてフォントのリストを表示し，［MSゴシック］を選択する（図4.14）.

③ ［フォントサイズ］の▼をクリックして［12ポイント］を選択する（図4.15）．なお，［フォントの拡大］や［フォントの縮小］ボタンをクリックしてサイズを変更することもできる.

④ **B** の［太字（Ctrl＋B）］ボタンをクリックする.

⑤ なお，フォントの種類や，サイズなどは，選択した文字列の上で右クリックし，［フォント］ダイアログボックスを表示して設定することもできる.

問題4.2

発信者のフォントサイズを図4.2のように10ポイントに設定してみよう.

下線や網掛けについても同じ要領で設定することができる．ここで，「付記」の中の「第3会議室」を網掛けにしてみよう．

　操作 4.9：網掛けの設定

① 「第3会議室」を選択する．

② ［ホーム］タブ→［フォント］グループの［文字の網掛け］ボタンをクリックする．

問題4.3

件名「販売セミナーのご案内」に下線を引いてみよう．

　なお，同一の書式を複数個所で使う場合には，書式をコピーすることができる．たとえば，「里山」という企業名は，MSゴシック体，太字で12ポイントとしているが，4カ所に出現する．このような場合には，書式のコピー機能を利用することで設定作業を効率化できる．

　操作 4.10：書式のコピー

① コピー元となる書式が設定されている文字列を選択する．この場合は，宛先に含まれる「里山」を選択する．

② ［ホーム］タブ→［クリップボード］グループの［書式のコピー／貼り付け］メニューをクリックするとマウスポインタの形状が　　に変わる．

③ 書式のコピー先となる文字列を選択すると，コピー元と同じ書式に変わる．

4.1.8　定型的な文章の挿入

　頭語から結語にいたる部分のうち，定型的なあいさつ文などは，Wordの機能を使って，すでに登録されている文例の中から選択し挿入することができる．あいさつ文に関する知識に乏しい場合には，便利な機能である．

　操作 4.11：あいさつ文の挿入

① あいさつ文を挿入する範囲を選択する．

② ［挿入］タブ→［テキスト］グループの［あいさつ文］ボタン→［あいさつ文の挿入（G）］を選択する．

③ ［あいさつ文］ダイアログボックス（図4.16）が表示されるので，「月」を指定し，安否のあいさつ文と感謝のあいさつ文を選ぶ．月を指定することで，その時期にあった時候のあいさつ文が表示される．

④ ［OK］ボタンをクリックすると，図4.17に示す時候のあいさつの行が挿入される．この後，必要に応じて文言を変更すればよい．

　［あいさつ文］ボタンをクリックすることで，起こし言葉および結び言葉も同様の手順で挿入できる．

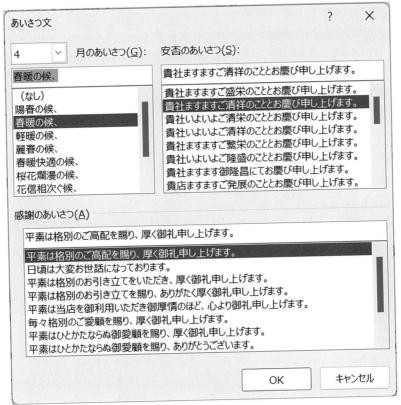

図 4.16　あいさつ文の選択と挿入

拝啓
　　春暖の候，貴社ますますご清祥のこととお慶び申し上げます。

図 4.17　時候のあいさつ文

コラム：オプション機能のはずし方

Word には，文章の入力を支援する以下のようなさまざまなオプション機能が存在する．

(1) オートコレクト

英文のスペルミスの自動修正や，アルファベットの先頭文字を自動的に大文字にする機能など．

(2) 入力オートフォーマット

箇条書きを入力し改行すると次も箇条書きの書式を自動的に設定する機能や，頭語に対応した結語を自動入力する機能，段落の最初を自動的に字下げする機能など．

(3) オートフォーマット

Web ページのアドレスを入力すると自動的にハイパーリンク（クリックすると Web ページが表示される）に変換する機能など．

これらのオプション機能は便利な反面，意図せぬ変更が行われわずらわしいと思うこともある．これらの機能が必要でない場合には，以下の操作ではずすことができる．

操作：オートフォーマット機能の停止

① ［ファイル］タブ→［オプション］メニュー→［文章校正］メニュー→［オートコレクトのオプション（A）］ボタンをクリックする．

② 表示された［オートコレクト］ダイアログボックスにおいて，支援機能の前に付されたチェックマークをはずす．

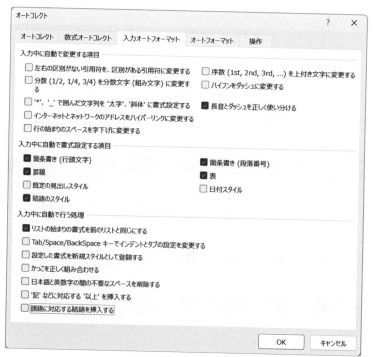

［オートコレクト］ダイアログボックス

4.1.9　印刷と保存

これまでに作成した文書を印刷した後，保存してみよう．

(1) 印刷

印刷を実行するのに先立って，印刷プレビューでどのように印刷されるかを確認する習慣を付けると，用紙の無駄遣いをなくせる．

操作 4.12：印刷プレビュー

① ［ファイル］タブ→ ［印刷］メニューをクリックし，［印刷］ダイアログボックスを表示する（図 4.18）．

② 出力するプリンタ名が表示されているので，その右にある▼をクリックしてプリンタを選択する[7]．

③ ［設定］欄から，印刷の範囲，印刷の方向，用紙のサイズなどを設定すると，ウィンドウの右側に印刷イメージが表示される．なお，［1 ページ／枚］をクリックすると，紙 1 枚に印刷するページ数を選択でき，これにより縮小印刷が可能になる（図 4.19）．文書の作成途中で添削のために試し刷りをするときなどに，紙の無駄を減らすために役立つ．同様に，両面印刷機能があるプリンタでは，［片面印刷］の右にある▼をクリックして，［両面印刷］に変更すれば，紙の節約になる．

④ 拡大表示したい場合には，ウィンドウの右下にある［＋］ボタンをクリックして拡大する．縮小する場合には，［－］ボタンをクリックする．

プレビュー結果に問題がなければ，そのまま印刷する．

操作 4.13：印刷

① ［印刷］ダイアログボックス→ ［印刷］ボタンをクリックすると印刷が開始される．

② 元の基本画面に戻るには，ウィンドウの左上に表示された矢印 ⬅ をクリックする．

問題4.4

ビジネス書信を完成させて，印刷してみよう．

(2) 上書き保存

すでに一度，名前を付けて保存しているので，ここでは文書を上書き保存する．

7　「プリンタのプロパティ」ではプリンタの機種に依存した設定ができる．設定の方法は，それぞれのプリンタのマニュアルを参照してほしい．

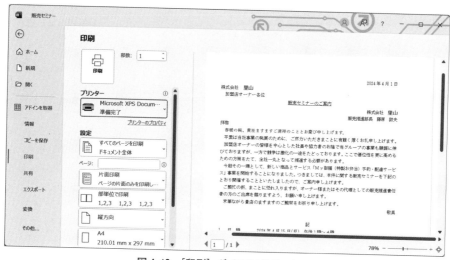

図4.18　［印刷］ダイアログボックス

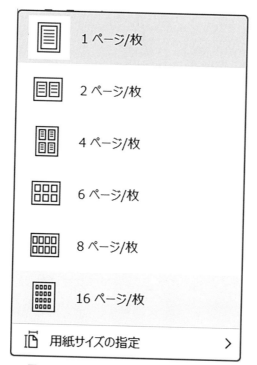

図4.19　1枚あたりの印刷ページ数の設定

　操作4.14：上書き保存

　クイックアクセスツールバーの［上書き保存（Ctrl + S）］を選択するか，［ファイル］タブ→［上書き保存］メニューを選択する．

以上によりビジネス書信が完成し，印刷や保存もできる．

コラム：PDF 形式による保存

　PDF（Portable Document Format）は，アドビシステムズが開発し，2008 年に国際標準化された ファイルフォーマットである．みなさんも 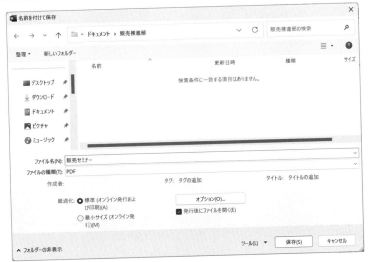 のようなアイコンのついたファイルをよく目にするであろう．

　その特長は Adobe Reader というソフトウェアがインストールされているコンピュータであれば，作成されたオリジナル文書のレイアウトや書式を忠実に再現表示・印刷できることにある．この特長を活かして，各種マニュアルや行政機関の定型書類などが PDF として広く Web 上で公開されている．その一方，作成したファイルを編集することは，特別なソフトウェアを用いないかぎり，できない．

　Word で作成した文書も PDF 形式で保存することができる．図に示すように，文書を保存する際に，［ファイルの種類（T）］から［PDF（*.pdf）］を選択すればよい．

PDF での保存

4.2　文書作成の応用—チラシの作成

　Word を使うと，4.1 節で述べたような一般的なビジネス書信だけではなく，図や画像や表などを含む文書も作成することができる．ここでは，その作成方法について学ぶ．

4.2.1　チラシの構成

　宣伝用文書の例として，4.1 節で取り上げた株式会社里山が，新しい高齢者向けの宅配サービスと新商品「My 御膳」を発表し，宣伝する際のチラシを取り上げる．その構成例を図 4.20 に示す．図では，文書の左の欄外に，チラシを構成する要素の名前を示してある．

4.2.2　チラシの作成手順

　チラシを完成するには，まず 4.1 節と同様に，文章部分を粗打ちし，その後，文章の体裁を整える（図 4.21）．この場合，図形や写真を挿入する場所は改行して空けておく必要がある．

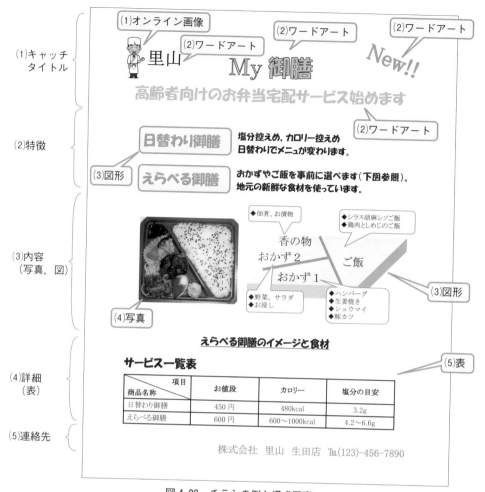

図4.20　チラシの例と構成要素

また，ワードアートと呼ばれるデザイン性の高い装飾文字も図形と同様の扱いをするため，後から挿入する．図4.20では，「里山」，「My 御膳」，「New!!」がワードアートとなる．

　粗打ちした文章に対して，図4.20に示すように，オンライン画像，ワードアート，図形，写真，表などを配置していく．

(1) **オンライン画像**：インターネットから探してきたイラストや写真のことである．ここでは，会社名を強調するために利用する．ただし，インターネット上の画像や写真の利用については，著作権の問題があるのでその使用に関しては注意を要する．

(2) **ワードアート**：装飾文字のことである．会社のロゴなど，文字列を通常よりも目立つようにするために利用する．

(3) **図形**：文字を強調するために文字の周りを図形で囲ったり，イラストを作成したりするために利用する．ここでは，お弁当の名前を強調するとともに，お弁当のイラストを作成する．

(4) **写真**：デジタルカメラやスマートフォンなどで撮影した写真のことである．ここでは，お弁当の写真を挿入する．

(5) **表**：Word の機能を使って直接作成することもできるし，5章で学ぶ Excel で作成した表を挿入することもできる．ここでは，お弁当の塩分とカロリーを比較するために利用

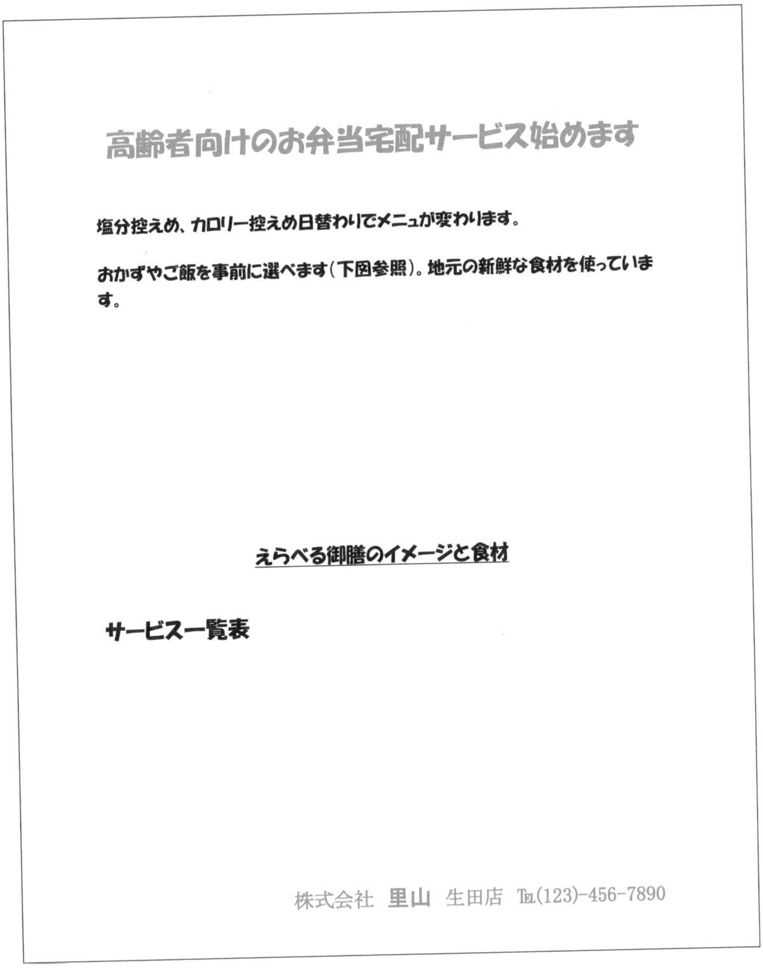

図 4.21　チラシの粗打ち

する．

4.2.3　図の挿入

図 4.21 の空いたスペースに，オンライン画像やワードアート，図形，写真などの図を挿入していく．

(1) オンライン画像の挿入

チラシの左上のイラストを挿入するのにインターネットを検索し，そこから適切なものを選択する．インターネットから検索したイラストは，一般に，文書に取り入れて再配布することが許されているかどうかに注意する必要がある[8]．

---

[8]　一般的には，すべての図形や画像は，著作権法により著作者の権利が守られており，ネットの時代と言えども自由にダウンロードして利用することはできない．断りなく図形や画像の利用が許されるのは，自分自身や家族などの間で私的に利用する場合，あるいは教育目的で利用する場合に限られる．したがって，この範囲を超えてオンライン画像の挿入機能を使わないこと．超える場合には，利用条件が明記された図形や画像を，ネットで検索して利用すること．

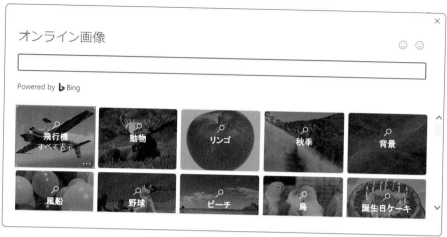

図 4.22　オンライン画像の検索

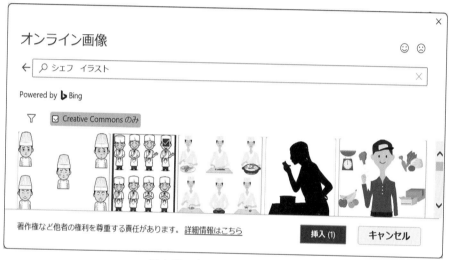

図 4.23　オンライン画像の選択

操作 4.15：オンライン画像の検索と挿入

① **イラスト**を挿入したい場所をクリックする.

② ［挿入］タブ→［図］グループの［オンライン画像 (O)］ボタンをクリックし,
［オンライン画像］ダイアログボックスを表示する（図 4.22）.

③ ［Bing］の右の欄に検索キーワードを入れる. ここでは,「シェフ　イラスト」と
入れる.

④ 検索した結果, 表示されるイラストや写真から 1 つを選択し,［挿入］ボタンをク
リックする（図 4.23）.

⑤ 挿入されたイラストを選択した後, 四隅に表示された小さな四角形□（**ハンドル**と
呼ぶ）をドラッグして, 適切なサイズに調整する.

⑥ イラストの不要な部分を切り取りたい（**トリミング**と呼ぶ）場合は, イラスト上で
右クリックし,［トリミング］ボタンをクリックしたのち, 表示された太い枠線を
上下左右にドラッグして, 残す範囲を調整する（図 4.24）.

図 4.24　オンライン画像のトリミング

図 4.25　ワードアートの種類の選択

(2) ワードアートの挿入

　次に，挿入したイラストの右に，ワードアートを用いて会社のロゴを作成・挿入してみよう．

操作 4.16：ワードアートの挿入
① 　ワードアートを挿入したい場所をクリックする．
② 　［挿入］タブ→［テキスト］グループの［ワードアートの挿入］ボタンをクリックし，ワードアートの種類を選ぶ（図 4.25）．
③ 　表示された枠の中に文字列を入力する．ここでは，「里山」と入れる．その後は，通常のフォントと同じように，フォントサイズなどを調整する．
④ 　文字列を選択し，囲んでいる四角形の枠をドラッグして，適切な場所に移動する．

　なお，作成したワードアートを選択し，［図形の書式］タブを選択すると，［ワードアートのスタイル］グループに，さまざまな書式設定のためのボタンが表示される．それを使って文字の塗りや輪郭，影，反射，光彩などさまざまな効果を設定できる．また表示された四角い枠線上を右クリックして，［図形の書式設定（O）］メニューを選択すると，文書ウィンドウの右に書式設定のためのウィンドウが表示される（図 4.26）ので，ここで設定することもできる．

問題4.5

同様の方法で，ワードアートを用いて「My 御膳」と「New‼」を作成してみよう．

　また，図4.27に示すように，ワードアートを選択した状態で四角形の外側に表示された円形のハンドル ⟳ を図形の周りにドラッグすると，文字を回転させることができる．ここでは，「New‼」を回転させてみよう．なお，他の図形や写真も同様に回転させることができる．

(3) 図形の作成

　図形は，文字を強調する目的で文字の周りを囲むためや，図形を組み合わせたイラストを作成するために使え，Word だけでなく，後述する Excel，PowerPoint などのアプリケーションにも備えられている．四角形，楕円，矢印などの基本的なものから，フローチャート（流れ図）に使われる記号，吹き出しなどさまざまな図形が用意されており，その組合せにより目的のイラストを作成できる．

　ここではまず，「日替わり御膳」，「えらべる御膳」の2つの文字入り図形を作成してみよう．

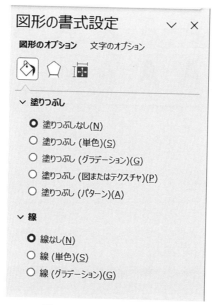

図 4.26　図形の書式の設定

図 4.27　文字の回転

操作 4.17：文字入り図形の作成

◆図形を挿入する

① 図形を挿入する位置でマウスをクリックする.

② ［挿入］タブ→［図］グループの［図形］ボタンをクリックし，図形の選択画面を表示する（図 4.28）.

③ ［図形］の中から，挿入したい図形を選択する．ここでは，［角丸四角形］を選択する.

④ マウスポインタを文書ウィンドウに持ってくると，ポインタの形状が「+」に変化するので，描きたい範囲の左上から右下にドラッグすると，図形が図 4.29 のように挿入される.

⑤ この状態で図形を囲む四角形の四隅や辺の上にある小さな白い四角形のハンドルをドラッグすると，角丸四角形の幅と高さを変更することができる．また，四角形の隅に表示された小さな黄色いハンドルをドラッグすると，隅の丸みの大きさを変更することができる[9].

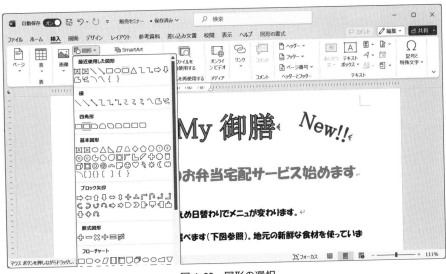

図 4.28 図形の選択

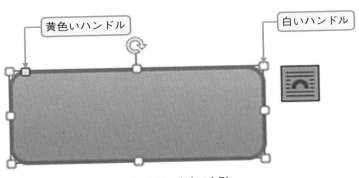

図 4.29 角丸四角形

---

9 他の図形においても，黄色い小さなハンドルが表示される場合には，形状を変更できる.

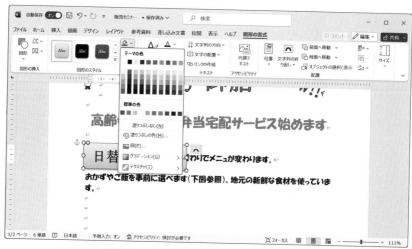

図 4.30　図形の塗りつぶしの設定

◆図形に文字を入れる

⑥　図形に文字を入れるには，図形の上で右クリックし，表示されたメニューの中から，［テキストの追加（X）］を選択する．すると，文字を入力するためのマウスポインタが図形の中に表示されるので，そのまま入力する．フォントやその大きさ，色などについては，［ホーム］タブ→［フォント］グループのコマンドを使って設定できる．

⑦　図形の塗りつぶしの色や，輪郭の色の設定，あるいは輪郭の太さについては，［図形の書式］タブ→［図形のスタイル］グループの［図形の塗りつぶし］，［図形の枠線］，［図形の効果］ボタンをクリックすることによって指定できる（図4.30）．

　次に「えらべる御膳」を作成しよう．上記と同様に図形を作成することもできるが，ここでは，次のように「日替わり御膳」の図形をコピーした後，文字列を差し替える．

操作 4.18：図形のコピーと文字列の編集

①　「日替わり御膳」をクリックして選択する．

②　［コピー］ボタンを押して，図形をコピーする．

③　図形を挿入したい場所でクリック後，［貼り付け］ボタンを押すと，図形が貼り付けられる．

④　図形の内部をクリック後，文字列を編集して，「えらべる御膳」に変更する．

　この結果は，図 4.31 のようになる．図を見ると，文章を隠すように図形が配置され，また2つの図形の左端が揃っていない．これを次の操作で調整していく．

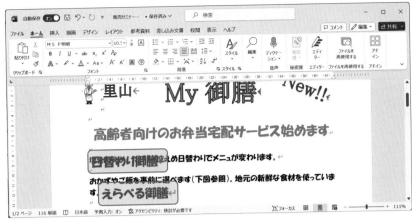

図 4.31　図形のコピーと文字列の編集

(4) 図形のレイアウトの調整

　図形を文章中に配置する**レイアウト**方法には，行内，四角，外周，内部，上下，背面，前面
の 7 種類がある．

① **前面，背面**
　　文章と図形を重ねて配置できる．図形を文章の上に配置する場合が [前面] であり，下
　　に配置する場合が [背面] である．図形と文章は互いに影響されずに配置できる．

② **四角，外周，内部，上下**
　　図形を含む行を避けるように文章が配置される場合が [上下]，図形を含む領域を避け
　　るように文章が回り込む場合が [四角] や [外周]，[内部] である．図形をドラッグし
　　て移動すると，それにともなって文章の配置が変化する．

③ **行内**
　　[行内] の場合は，図形は大きなサイズの文字と同様の扱いとなり図形を含む文章の編
　　集にともない移動する．

　図 4.31 では，作成した図形は [前面] に設定されており，これを次の操作で [四角] に変
更すれば，図形を避けるように文章が配置される．

　操作 4.19：図形のレイアウトの調整
　① 図形を選択し，図 4.29 の右上にあるアイコン ▦ をクリックすると，図 4.32 に示
　　　す [レイアウトオプション] ダイアログボックスが表示される．
　② ダイアログボックスから，[四角] を選択する．

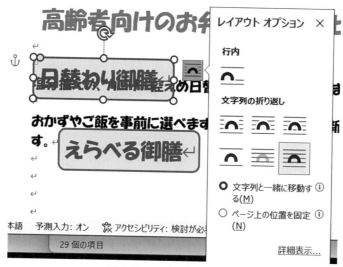

図4.32 レイアウトの選択

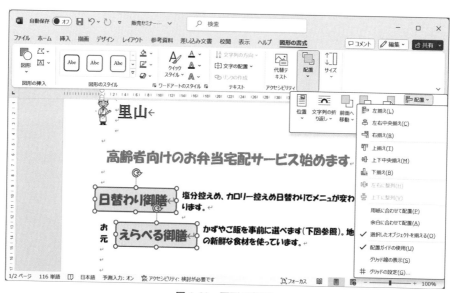

図4.33 図形の整列

（5）図形の整列

　次に，2つの図形の左端を揃える．手作業で揃えることも可能であるが，図形が多くなると作業が複雑になる．そこで下記の機能により自動的に整列すれば効率化できる．

操作4.20：図形の整列

① 2つの図形を選択する．このために，最初の図形をクリックした後，2つめの図形をCtrlキーを押しながらクリックする．

② ［図形の書式］タブ→［配置］グループの［オブジェクトの配置］ボタン→［左揃え］メニューをクリックする（図4.33）．

　以上により，2つの図形は，図4.20のレイアウトとなる．［オブジェクトの配置］ボタンを用いれば，同様の方法で複数の図形の右揃え，上揃えなどができるだけでなく，複数の図形を等間隔で縦または横に整列することもできる．

(6) 図形の組合せによるイラストの作成

　次に図形の組合せで，お弁当のイラストを作成してみよう．

① お弁当箱：［直方体］を用い，図4.29と同様に，黄色のハンドルをドラッグすることにより，お弁当に似た形を作成する．
② 弁当の仕切り：［直線］を用いて，仕切りを2つ作る．線の色や太さは，［図形の書式］タブ→［図形のスタイル］グループの［図形の枠線］から設定することができる．
③ 「ご飯」，「おかず1」，「おかず2」，「香の物」：［テキストボックス］を用いる．
④ 吹き出し：［角丸四角形吹き出し］を用いその中に食材の内容を記述する．

　なお，個々の図形を描くつど，それらのレイアウトは，［前面］に変更して自由に移動できるようにしておく必要がある．また，図形が重なって隠れてしまう場合には，隠れてしまった図形を他の図形の前面に移動させる必要がある．

操作 4.21：図形の前面への移動
① 前面に移動させたい図形をクリックして選択する．
② ［図形の書式］タブ→［配置］グループの［前面へ移動］ボタン→［前面へ移動（F）］メニューまたは，［最前面へ移動（R）］メニューをクリックする．

　同様の手順で，図形を［背面へ移動（B）］メニューや［最背面へ移動（K）］メニューにより，背面に移動させることもできる．

問題4.6

好みのお弁当のレイアウトを作ってみよう．

(7) 写真の挿入

　デジタルカメラやスマートフォンで撮影した写真やインターネットから入手した写真など，素材として使用する写真はあらかじめパソコンに別のファイルとして保存されているものとし，それをこの文書に取り込む．

操作 4.22：写真の挿入
① 写真を挿入する位置をクリックした後，［挿入］タブ→［図］グループの［画像］ボタン→［このデバイス…（D）］メニューから画像ファイルを選択すると写真が挿入される．

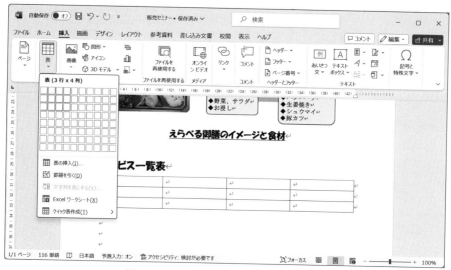

図 4.34 ［表の挿入］ダイアログボックス

② 挿入された写真の大きさは，図形のときと同様に，図形の四隅に表示されている小さな四角形のハンドルをドラッグして調整する．

③ 図 4.32 と同様，レイアウトを［前面］にした後，マウスでドラッグして所定の場所に配置する．

4.2.4 表の作成

データを比較評価する際は，表にすると理解しやすい．今回のチラシの例では，2 種類のお弁当の値段とカロリーと塩分を比較するために，表を用いる．ここでは，縦に 3 行，横に 4 列の表を作成するものとし，以下にその操作を示す．

操作 4.23：表の作成

① 表を挿入する位置でクリックする．

② ［挿入］タブ→［表］グループの［表］ボタン→［表の挿入］ダイアログボックスを表示する（図 4.34）．

③ マス目の部分をドラッグして，3 行 4 列のマス目を選択する．これにより，空白の表が挿入される．

次に，空白の表に粗打ちで内容を入力すると，図 4.35 のようになる．個々の欄をセルと呼び，これに対して，以下の操作で体裁を整える．

操作 4.24：表の体裁の設定

① 中央揃え：文字の中央揃えが必要なセルに対しては，そのセル範囲をドラッグして選択した後，［レイアウト］タブ→［配置］グループの［中央揃え］をクリックする．

サービス一覧表

項目 商品名称	お値段	カロリー	塩分の目安
日替わり御膳	450 円	480kcal	3.2g
えらべる御膳	600 円	600〜1000kcal	4.2〜6.6g

図 4.35　表の内容の粗打ち

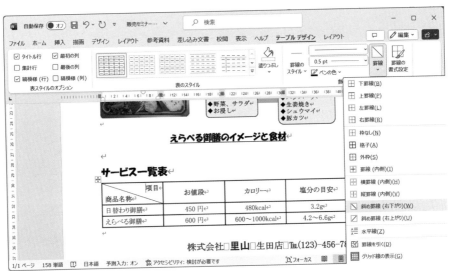

図 4.36　罫線の設定

② 斜め罫線：セルを選択した後, ［テーブルデザイン］タブ→［飾り枠］グループ→［罫線］ボタンをクリックしてメニューを表示し, ［斜め罫線（右下がり）（W）］をクリックする（図4.36）.

③ 太線罫線：セルの罫線の種別を1本1本指定して変更したい場合には, ［テーブルデザイン］タブ→［飾り枠］→［罫線のスタイル］ボタンをクリックしてメニューを表示し, 好みの太さの罫線をクリックする. すると, マウスポインタが筆の形 に変化するので, 太線に変更したい部分をなぞる. なお, 表の外をクリックすると, マウスポインタの形状は元に戻る.

④ 塗りつぶし：セルを選択した後, ［テーブルデザイン］タブ→［表のスタイル］グループの［塗りつぶし］ボタンをクリックし, ［テーマの色］ダイアログボックスを表示して, 色を選択する.

⑤ セルの幅の変更：罫線のそばにマウスポインタを移動させると, マウスポインタの形状が 変化するので, 罫線をドラッグすると幅が変わる.

⑥ 表のスタイル：［テーブルデザイン］タブ→［表のスタイル］グループから好みのデザインを選ぶと, 塗りつぶしや線種など一括して書式を設定することができる.

以上でチラシが完成した. 最後に, ファイルに名前を付けて保存しておこう.

章末問題

1. ファミリーレストランを題材に，店舗販促会議の案内状を作成してみよう．店舗販促会議とは，ファミリーレストランの本部が，各店舗の責任者を集めて販売促進のために開く会議である．

2. 同じくファミリーレストランを題材に，宣伝用のチラシを作成してみよう．宣伝用のチラシは，その地域の人々に特別な催しやメニューを知らせる新聞への折込み用のチラシとする．地域と密着した「祭り」や「運動会」などの行事を想定すると楽しいだろう．

第5章

表計算の基本

　企業での販売管理や生産管理，行政での住民アンケート集計，学校での成績管理，家庭での家計費管理などにおいて，データ集計や分析のために手軽に利用できるアプリケーションとして表計算ソフトがある．本章と次章では広く一般に利用されている代表的な表計算ソフト，Excel について説明する．本章の 5.1 節では Excel の基本操作について，5.2 節では表を見やすくする方法について学ぶ．5.3〜5.5 節では関数，種々のワークシート操作，グラフ作成までを学ぶ．また，Excel の応用機能については第 6 章で詳しく学ぶ．

5.1　Excel の基本操作

　表計算とは，表形式になったデータの集計や計算処理することをいう．身近な例として小遣帳や家計簿をイメージするとよい．本節では具体例として，表 5.1 に示すコンビニの各店舗の月別売上高表を考える．この表において，月ごとの合計や平均，あるいは，店舗ごとの合計や平均を求めるというのが，表計算の具体的な処理である．

表 5.1　各店舗の月別売上高（単位：万円）

	店舗名					合計	平均
	新宿	下北沢	登戸	町田	小田原		
1 月	1,700	1,500	1,300	1,600	1,400		
2 月	1,600	1,400	1,250	1,500	1,150		
3 月	1,850	1,650	1,450	1,700	1,350		
4 月	1,800	1,550	1,350	1,650	1,450		
5 月	1,850	1,600	1,450	1,700	1,500		
6 月	1,800	1,700	1,450	1,600	1,350		
7 月	2,200	1,900	1,750	2,050	1,600		
8 月	2,250	1,950	1,750	2,100	1,650		
9 月	2,000	1,800	1,450	1,900	1,500		
10 月	1,950	1,700	1,550	1,850	1,400		
11 月	1,900	1,700	1,450	1,800	1,350		
12 月	2,000	1,800	1,600	1,900	1,500		
合計							
平均							

5.1.1　Excel の起動と終了

(1) 起動と終了

　操作 5.1：Excel の起動・終了

① 起動：[スタート] 画面上，あるいは，タスクバー上にピン留めされている [Microsoft Office Excel] のアイコンをクリックする．

② 終了：Excel ウィンドウの右上の閉じるボタン（×印）をクリックする．

(2) 画面構成

　図 5.1 に Excel の画面構成を示す．Excel では 1 つの表を**ワークシート**と呼ぶ．初期画面では 1 枚のシートからなる新規ファイルが作成され，このファイルのことを**ブック**と呼ぶ．ブックには 5.5 節で述べるグラフ作成のための専用シートである**グラフシート**も含まれる．シートの追加・削除などの操作については 5.4.2 項(3)で説明する．なお，ブックを追加したい場合には，[ファイル] タブ→[新規]→[空白のブック] により行う．

　ワークシートを構成している 1 つ 1 つのマス目を**セル**と呼び，このセルにデータや計算式などを入力する．ワークシートは 1,048,576 行×16,384 列のセルから構成されるが，その一部だけが画面上に表示され，スクロールすることにより見えない部分を表示させることができる．シートの列には**アルファベット（A〜XFD）の列番号**が，**行**には**数字（1〜1,048,576）の行番号**が付与され，各セルは列と行の番号により識別する．たとえば，図 5.1 では，D7 のセルが選択されている．

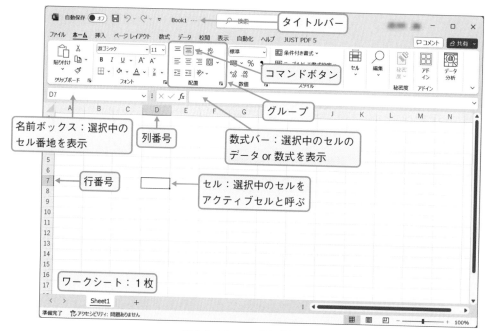

図 5.1　Excel の画面構成

> **コラム：アクティブセルの移動**
>
> 　アクティブセルは矢印キー（→ ← ↑ ↓）で移動できる．セルへのデータ入力内容の確定に [Tab] キーを使用すると，確定と同時に右方向へカーソルを移動できる．また [Enter] キーを押すと下方向（次の行）へカーソルを移動できる．

5.1.2　データの入力

　ここでは，文字データと数値データの入力方法について説明する．

例題5.1

　表 5.1 に示す店舗名や売上高などのデータをワークシートに入力し，図 5.2 に示すような各店舗の月別売上高表を作成してみよう．

　店舗名や月などの文字データを以下の操作 5.2 により順次，各セルに入力していく．

　操作 5.2：文字データの入力
① 入力したいセルを選択する．
② 文字データを入力し，[Enter] キーで確定させると，その文字データはセル内左詰で表示される．
③ 文字列の種類によっては，自動的に別の文字列に変換されてしまう場合がある（たとえば「1-23」と入力したのに「1 月 23 日」と変換されてしまうなど）．この場合は「'1-23」のように「'」（半角のシングルクォーテーション）を文字列の先頭に付加するとよい．

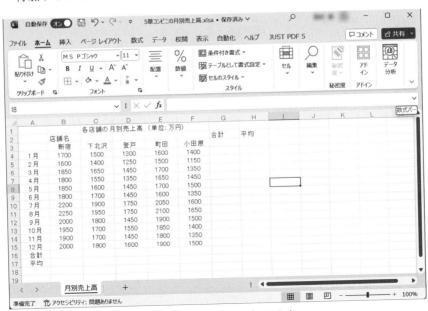

図 5.2　売上高などのデータ入力

続いて，売上高の数値データを以下の操作5.3により順次，各セルに入力していく．

操作 5.3：数値データの入力

① 入力したいセルを選択する．

② 数値を入力し，［Enter］キーで確定させる．数値はセル内右詰で表示される．

例題5.1において，1月，2月，…，12月などの連続するデータを入力するときは，オートフィル機能を使用すると簡単に入力できる．オートフィル機能は，指定したセルのデータに基づいて，曜日（月，火，…）などの連続する文字列や同一データを自動的に入力する機能である．

操作 5.4：オートフィル

① データを入力したセルを選択しマウスポインタを右下隅に合わせると，図5.3のようにプラスマーク（＋）が表示される．ここでは図5.3のA4セルを選択する．

② このプラスマークを，データを連続して入力したい最後のセルまでドラッグすると，自動的に連続データが入力される．

③ オートフィル機能は選択したセルのデータが連続データか否かを判断する．図5.3では月に関して連続しているので，自動的に12月までの連続データが入力される．単に数値だけの場合には同じ値が入力される．

1から12までの連続データを入れたい場合には，最初の2つの1と2を入力し，この2つのセルを選択した後，マウスをドラッグすると連続したデータが入力される．

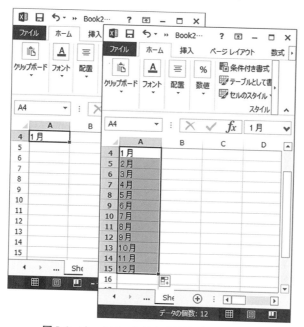

図5.3　オートフィルによる連続データの入力

表 5.2　算術演算子の種類

優先順位	種類	記号
1	パーセンテージ	％
2	べき乗	^
3	掛け算，割り算	＊，／
4	足し算，引き算	＋，－

5.1.3　保存

　ワークシートへのデータ入力が一段落したらファイルを保存する．ファイルの保存は，［ファイル］タブ→［名前を付けて保存］→［保存先のフォルダーを選択］により行う．ここでは，「コンビニの月別売上高」というファイル名で保存する．

　このときファイルの種類として「Excel ブック」を指定するか，またはそのまま「Enter キー」を押すと，ファイルの拡張子が Office2007 から採用された xlsx となる．それ以前の形式である xls としたい場合には「Excel 97-2003 ブック」を選択する．

　以上によりタイトルバーが「コンビニの月別売上高」となる．以降，計算式の入力やデータの追加入力などを行ったら，適宜，上書き保存をする．

5.1.4　計算式の入力

　Excel の特徴は，簡単に多数の計算を行えることである．1 つのセルに入力した計算式を同様の計算を行いたい他のセルにコピーして貼り付けることで，一気に計算を行うことができる．これにより各セルに 1 つずつ計算式を手入力するという面倒な作業から解放される．

　セルへ設定する計算式は，「=」記号をまず入力し，その後にセル番地，算術演算子，関数，括弧（　）を用いて記述する．算術演算子の種類と計算時の優先順位を表 5.2 に示す．演算の順序を変えるために括弧を用いる．また，セル番地を入力するには，そのセル番地を直接キーボードから入力してもよいが，そのセルをクリックすることで入力することもできる．

> **例題5.2**
>
> 例題 5.1 で作成したワークシート（図 5.2）において，各月の合計（列 G）と平均（列 H）を求める計算式を入力して，売上高に関する集計結果を表示してみよう．

　まず，1 月の 5 店舗の売上合計を計算しよう．

 操作 5.5：計算式の入力

① 計算結果を表示したいセル，ここでは合計欄の G4 セルを選択する．

② 直接入力モードで，先頭に「=」を入力し，その後にセル番地と演算記号と数値を組み合わせた計算式を入力する．この入力した式は，数式バーに表示される．
　　ここでは，G4 セルに「=B4 ＋ C4 ＋ D4 ＋ E4 ＋ F4」と入力する．

③ セル番地 B4 から F4 の値を加算した計算結果 7500 が，数値として G4 セルに表示される．このとき各セルのデータを変更すると自動的に再計算されて，修正された

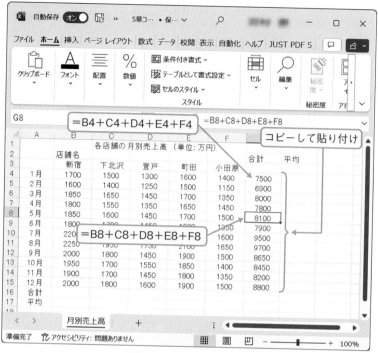

図5.4　計算式のコピー

結果が表示される．これを計算式の**オートフィル**と呼ぶ．

次に，2月から12月までの5店舗の売上合計をそれぞれ計算してみよう．

 操作5.6：計算式のコピーと貼り付け

① コピー元であるセルG4を選択し，コピーする．
② このG4セルの内容を，G5からG15まで範囲指定して貼り付ける．すると，貼り付け先に計算結果が表示される．

このとき，貼り付け先の各セルの計算式を見てみると，図5.4に示すように，たとえばセルG8の計算式は「＝B8＋C8＋D8＋E8＋F8」となっており，各セルの計算式内のセルの行番号が自動的に変更されている．このような参照するセル番地が自動的に調整される機能はExcelの大きな特徴であり，オートフィルと呼ぶ．なお，これはセルの**相対参照**という機能であり，他に5.3.2項で説明するような，コピーしても参照先を固定する**絶対参照**という機能もある．

問題5.1

5店舗の月別売上平均を求めてみよう．セルH4に計算式を入力した後，セルH4の内容をセルH5からH15へコピーする．

コラム：金額や日付などの入力と表示

セルへの入力データとして数値や文字列以外を入力するには次のように行う.

・通貨（記号なし）：3桁ごとにカンマで区切って半角数字入力. 例）12,345

・通貨（記号あり）：先頭に「¥」記号を付けて入力. 例）¥12,345

・パーセント：末尾に「%」記号を付けて入力. 例）12.345%

これは%表示の数として扱われ，たとえば乗算では，1000*12.345%＝123.45となる.

・年月日：西暦形式は，年月日の各2桁を「/」または「-」（ハイフン）で区切って入力. 和暦形式は，年号記号（H, S, T, M）を先頭に付け，年月日をピリオドで区切って入力.

年月日はいずれの形式の場合も，内部では西暦形式（年4桁，月2桁，日2桁）で管理されている.

なお，年月日の表示形式は，右クリックして表示されたメニューから，［セルの書式設定］ダイアログボックス→［表示形式］→「日付」から，その種類（2019/4/1, 2019年4月1日, H31.4.1など）を選択することができる.

5.2　表の体裁の整え方

ここでは，表を見やすく，そして見栄えよくするための体裁の整え方について学ぼう.

5.2.1　データの表示形式の変更

(1) 書式設定

セルの書式を設定するために，図5.5に示す［ホーム］タブのコマンドボタンを使用すると便利である. フォントグループのボタンを用いて，文字のフォントサイズやフォントの種類などWordと同様な書式設定や罫線の設定を行うことができる. 配置グループのボタンでは，セル内の文字配置，セルの結合などの設定を行うことができる. また，数値グループには，通貨，パーセント，桁区切り，小数点桁上げ，小数点桁下げの設定ボタンがある. なお，グループ名のみが表示されている場合は，グループ名の下にある三角（∨）をクリックするとコマンドが表示される. あるいは，ウィンドウの幅を広げるとグループ内のコマンドが表示される.

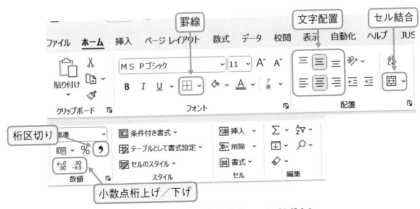

図5.5　Excelの書式設定のコマンドボタン

図5.6 各店舗の月別売上高

例題5.3

ホームタブの書式設定に関するコマンドボタンを用いて，図5.6のように表の体裁を整え
てみよう．

① A2 から H17 までを中央揃えにする．
② B4 から H17 までを3桁区切りの表示にする．

操作5.7：セルの書式設定

① 設定したいセルの範囲を選択する．
② ホームタブの該当する機能ボタンをクリックする．

詳細な設定を行う場合は，「セルの書式設定」ダイアログボックスを開いて，適当なパラメ
ータや項目を選択すればよい．「セルの書式設定」ダイアログボックスを表示するには，対象
のセル選択後に，右クリックしてプルダウンメニューを表示して「セルの書式設定」を選択す
る．あるいはホームタブの各機能グループの右下の ↘ 矢印をクリックする．

セルの幅や高さの調整は以下のように行う．

操作5.8：セルの幅や高さの調整

① マウスポインタを列番号や行番号の境界に合わせ，マウスポインタの形が両矢印
（↔ ↕）マークに変わるのを確認する．
② そこからドラッグすると，列の幅や行の高さが変更される．

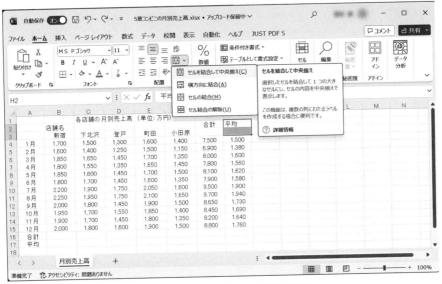

図5.7 セルの結合と文字の配置の設定

(2) セルの結合

表の見出しなどバランスよく文字を配置したい場合, 複数のセルを結合するとよい.

操作5.9：セルの結合

① G2, G3セルを選択する.

② [ホーム] タブ→ [配置] グループ→ [セル結合ボタン] のメニューから「セルを結合して中央揃え」を選択する (図5.7).

問題5.2

セルの結合を用いて, 図5.8のように表の体裁を整えてみよう.

① B2からF2までのセルを結合し, 店舗名を中央揃えにする.

② H2とH3を結合して, 平均を中央揃えにする.

5.2.2 罫線の描画

ワークシート上には縦横に薄い罫線が引かれているが, 印刷時にその薄い罫線は出力されない. そのため, 実際に出力したい表のイメージに合わせて罫線を引く必要がある. 罫線は, [ホーム] タブの [フォント] グループの [罫線ボタン] をクリックすると図5.9のような罫線メニューが表示されるので, それを用いて作成できる.

操作5.10：罫線の作成

◇**方法1**：罫線メニューの [罫線] による方法

① 罫線を引きたいセル範囲をドラッグして範囲指定をする.

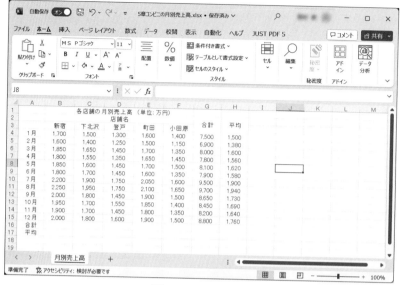

図5.8　セルの結合

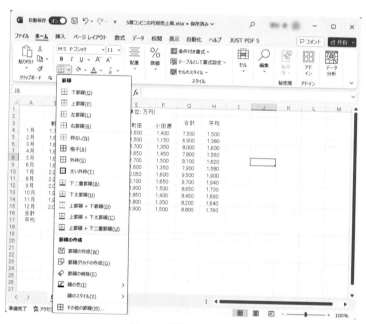

図5.9　罫線メニュー

② 罫線メニューのなかから罫線パターンを選択し，罫線を引く．

③ 罫線を消したい場合は，「枠なし」を選択して消す．

◇**方法2**：罫線メニューの［罫線の作成］による方法

① 「罫線の作成」のうち「罫線グリッドの作成」を選択すると，鉛筆マークが表示される．

② この鉛筆マークで，罫線を引きたいセル範囲をドラッグすると罫線が格子状に引かれる．

なお，「罫線の作成」を用いてセル範囲をドラッグした場合は，外枠のみに罫線が引かれる．

図 5.10 罫線が引かれた表

③ 罫線を消したい場合は，消しゴムマークを用いて引いた罫線を消すことができる．

以上の操作により，図5.10のような罫線が引かれる．

5.3 関数と参照方式

5.3.1 関数の利用

関数とは特定の計算を行うためにあらかじめ用意されている計算式である．Excel では財務，数学，統計，論理など，数多くの関数が用意されている．主な関数を表5.3に示す．

(1) 関数の基本

一般的に，関数の書式は次のとおりである．

> ＝関数名（引数1，引数2，…，引数n）

引数とは計算に必要な情報であり，セル番地，数値，文字列だけでなく関数を指定することもできる．引数として関数を指定することをネストあるいは入れ子といい，引数に設定された関数の計算結果が引数として使用される．また，引数としてセルの範囲を与えるときは

> ＝関数名（セル番地：セル番地）

という書式を使うこともある．合計を求める SUM 関数や平均を求める AVERAGE 関数はこのタイプの関数である．

関数の入力は，一般的には例題5.4のような操作で行うが，関数名や引数をキーボードから直接入力することもできる．

表5.3 主な関数例

関数名	分類	機能
SUM	数学／三角	合計値
AVERAGE	統計	平均値
MAX	統計	最大値
MIN	統計	最小値
COUNTA	統計	空白でないセル個数
COUNTIF	統計	検索条件に一致するセル個数
INT	数学／三角	指定した数値を超えない最大の整数
MOD	数学／三角	整数を除算した剰余（余り）
IF	論理	条件の真偽に対応した処理
XLOOKUP	検索	表を検索して関係情報を取得
RANK	統計	指定範囲内で何番目かの順位

例題5.4

SUM 関数を使って，各店舗の1年間の売上合計（16行目）を求めてみよう．関数の書式は，以下のとおりである．

=SUM（最初のセル番地：最後のセル番地）

操作5.11：SUM 関数の入力

① 関数を入力したいセル B16 を選択する．

② ［ホーム］タブ→［編集］グループの「Σ ボタン（オート SUM）」を選択する．

③ 図5.11のように合計するセル範囲の候補が自動的に破線枠で囲まれて表示されるので，意図した範囲になっているかを確認する．正しければ Σ ボタンか Enter キーを押下すると，範囲が確定してセル B16 に合計値 22,900 が表示される．

SUM 関数や AVERAGE 関数などでは，関数を設定したセル位置から，対象範囲を推定してくれるのである．もし範囲が適切でない場合には，マウスで破線枠をドラッグして調整する．

④ セル B16 をコピーして，C16 から H16 まで範囲指定して貼り付けると，図5.12のように表示される．

上記のように Σ ボタンそのものを押下すると SUM 関数を挿入できるが，ボタン右側の ∨ をクリックすると図5.13のように平均，最大値など日常よく使用する関数が表示されるので，選択して挿入できる．

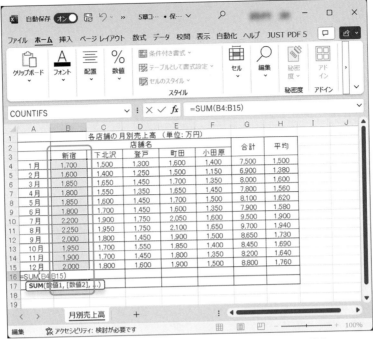

図5.11 **Σ** ボタン（オートSUM）によるSUM関数の設定

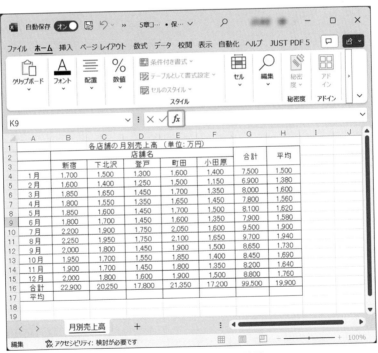

図5.12 SUM関数の利用結果

問題5.3

図5.12において，各店舗の1年間の売上平均（17行目）をAVERAGE関数を使用して計算し，表示してみよう．

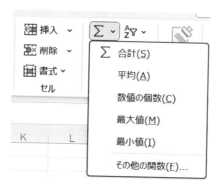

図5.13　Σ ボタンからの関数選択

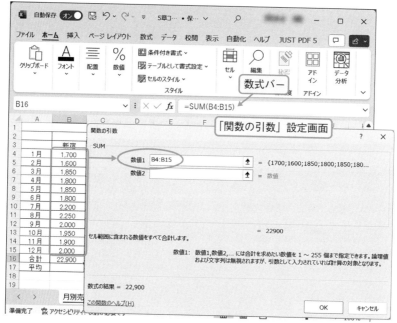

図5.14　関数の引数の設定

　一般の関数の入力は，次のような方法で行う．

　　（**方法 A**）数式バーの左脇の f_x（関数の挿入）ボタン→［関数の分類］→［該当関数］

　　（**方法 B**）［数式］タブ→［関数ライブラリ］グループ→［関数の分類］→［該当関数］

　　（**方法 C**）［ホーム］タブ→［Σ ▽］ボタン→［その他の関数］→［関数の分類］→［該当関数］

　上記の方法で関数を入力すると，図5.14のような「関数の引数」の設定画面が表示されるので，該当範囲を正しく設定した後，OK ボタンを押下する．

(2) IF 関数

　IF 関数は，ある条件が真の場合と，偽の場合で返す値を変える機能をもつ関数で，判断機能として便利である．関数の分類としては［論理］に属している．この関数の書式は次のとおりであり，論理式の結果（真偽）により，出力する結果が異なる．

　　=IF（論理式，真の場合，偽の場合）

表5.4 比較演算子

記号	意味
=	等しい
<>	等しくない
<	未満
<=	以下
>	超過
>=	以上

表5.5 論理演算子

記号	意味
AND	いずれも含む
OR	いずれか1つを含む
NOT	含まない

ここで,論理式とは,「(100 <= A1) AND (A1 < 200)」のように,表5.4に示す比較演算子や表5.5に示す論理演算子を使用して,条件を指定する式のことである.例の論理式は,「A1のセルの内容が100以上であり200未満である」という条件を表している.

例題5.5

IF関数を使用して,図5.16に示すような各店舗の営業成績を評価する表を作成する.表の各項目の算出は次のとおりとする.本年目標は,前年実績の1.05倍とする.目標評価は,「本年目標≦本年実績」の条件を満たすならば「OK」を,満たさないならば「NG」の文字を表示させたい.セルB22に設定した計算式をセルC22からF22までコピーして貼り付け,またセルB24に設定した計算式をセルC24からF24までコピーして貼り付けることを考える.

操作5.12：IF関数の利用

① セルB22に計算式として「=B21＊1.05」を入力し,このセル内容をC22からF22までコピーして貼り付ける.

② セルB24を選択した後,[数式]バーの f_x (関数の挿入) → [関数の分類]で「論理」→ IFを選択する.あるいは[数式]タブ→[関数ライブラリ]→[論理ボタン]からIFを選択する.

③ [OK]ボタンをクリックすると図5.15のような「関数の引数」ダイアログボックスが表示されるので,論理式に「B22 <= B23」,真の場合に「OK」,偽の場合に「NG」を入力する.なお,引数として文字列を使用する場合は,文字列を「"」(ダブルクォテーション)で囲む必要があるが,「関数の引数」設定画面から設定する場合には,文字列を入力すると自動的に「"」で囲まれる.

④ セルB24の内容をセルC24からF24までコピーして貼り付ける.その結果,図5.16のように表示される.

(3) COUNTIF関数

COUNTIF関数は,指定範囲のセルのうち,検索条件に一致するセルが何個あるかを求めることができる関数である.関数の分類としては[統計]に属している.たとえばアンケートデータで,特定の条件を満たすデータがいくつあるかをカウントしてくれる機能である.

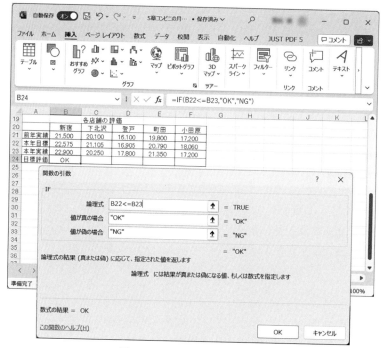

図5.15 IF 関数の引数の設定

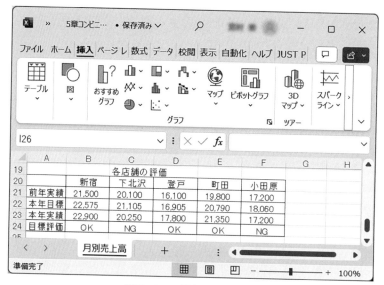

図5.16 IF 関数の利用結果

=COUNTIF（範囲，検索条件）

　範囲とは「B4:F15」のように調べるセルの対象範囲を指定する．また，検索条件は，数値，式，文字列を指定でき，たとえば「">＝1000"」は1000以上のセル数をカウントすることを示す．

　なお，関連の関数として，複数の条件を満たすセルをカウントするためにはCOUNTIFS関数，値が入力されているセル（すなわち空白セル以外）の数を求めるCOUNTA関数もある．

例題5.6

図5.12において，売上が1,500万円未満の月がいくつあるのかCOUNTIF関数を使用して計算し，セルH20に表示してみよう．ここでは5店舗で12ヶ月のため60個の売上高データがある．

操作5.13：COUNTIF関数の利用

① セルH19には見出しとして「1500万円未満」と文字を入力しておく．
② セルH20を選択した後，［数式］バーの f_x（関数の挿入）→［関数の分類］で「統計」→ COUNTIF を選択する．あるいは［数式］タブ→［関数ライブラリ］→［その他の関数］→「統計」→ COUNTIF を選択する．
③ ［OK］ボタンをクリックすると図5.17のような「関数の引数」ダイアログボックスが表示されるので，範囲にB4からF15をドラッグして設定し，検索条件に「<1500」を入力する．
④ ［OK］ボタンをクリックすると，セルH20に条件を満たすデータの数が表示される．

5.3.2　相対参照と絶対参照

計算式の基本操作については5.1.4項で説明したが，ここでは計算式におけるセルの相対参照と絶対参照について詳しく述べる．

セルに設定する計算式において，他のセルを参照する方法（参照方式）は大きく2つある．1つは相対参照である．相対参照では，計算式を他のセルへコピーしたり移動したりすると，計算式中のセル番地が相対的にずれて自動的に調整される．すなわち，参照元セルと参照先セルの相対的な関係（行でいくつ，列でいくつ離れているか）を保つということである．もう1

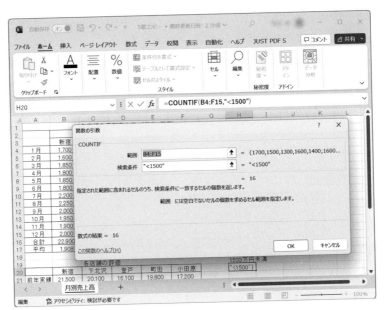

図5.17　COUNTIF関数の引数の設定とその結果

つは絶対参照であり，コピーや移動しても参照セルは変わらず固定したままの方法である．絶対参照は表中で共通に使用したいデータを参照したい場合に使用する．絶対参照であることは記号「$」を列と行の番号の前に付与して示し，たとえば A1 と記す．相対参照と絶対参照の概要を図5.18に示す．

　図5.18の相対参照では，B1セル（参照元セル）に計算式 = A1*2 を入力し，これを B2 から B4 までのセルにコピーして貼り付けると，貼り付け先のセルでは参照元のセル番地が相対的にずれて設定される．たとえば B2 セルでは計算式が = A2*2 に，B3 セルでは計算式が = A3*2 となる．絶対参照では B1 セル（参照元セル）に計算式 = A1*2 を入力し，これを B2 から B4 までのセルにコピーして貼り付けると，貼り付け先のセルでは参照元のセル番地が固定されて設定される．たとえば B2 セルでは計算式が = A1*2 に，B3 セルでも計算式が = A1*2 となる．このように，コピー先において特定のセル番号に固定したい場合に絶対参照を利用する．

　絶対参照は特定のセルを固定して参照したい場合に使用するが，行だけを固定したい場合や列だけを固定したい場合がある．すなわち，「行が絶対参照で列が相対参照」と「列が絶対参照で行が相対参照」の2つがあり，このような参照方式を複合参照と呼ぶ．行を絶対参照する場合は行番号の前に $ を付与してたとえば A$1，列を絶対参照する場合は列番号の前に $ を付与してたとえば $A1 のように記す．複合参照の概要を図5.19に示す．

　図5.19の「行のみ固定」では，A2セル（参照元セル）に計算式 = A$1*2 を入力し，これを A2 から B4 までのセルにコピーして貼り付けると，貼り付け先のセルでは参照元のセルの列番号のみが相対的にずれ，行番号は1のまま固定される．たとえば A3 セルでは計算式が = A$1*2 に，B3 セルでは計算式が = B$1*2 となる．一方，「列のみ固定」では，B1セル（参照元セル）に計算式 = $A1*2 を入力し，これを B1 から C3 までのセルにコピーして貼り付けると，貼り付け先のセルでは参照元のセルの列番号は固定の A に，行番号は相対的にずれて設定される．たとえば B2 セルでは計算式が = $A2*2 に，C3 セルでは計算式が = $A3*2 となる．

　以上のように複数のセル参照方法を設けているのは，あるセルに設定した計算式を他の多数のセルに一括してコピーして貼り付けたときに，適切にセルを参照して計算を行うためである．

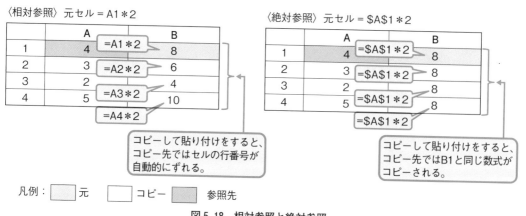

図5.18　相対参照と絶対参照

〈複合参照（行のみ固定）〉元セル=A$1*2

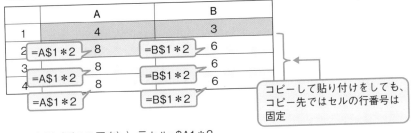

> コピーして貼り付けをしても，コピー先ではセルの行番号は固定

〈複合参照（列のみ固定）〉元セル=$A1*2

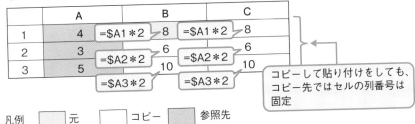

> コピーして貼り付けをしても，コピー先ではセルの列番号は固定

凡例 □元 □コピー ▨参照先

図 5.19 複合参照

例題5.7

これまでに作成したコンビニ会社の各店舗の月別売上高から，年間の全店舗の売上高合計に対する各店舗の売上高の割合（ここではシェアと呼ぶ），すなわち「シェア＝店舗合計／全店舗合計」を求めてみよう．ここでは，セル B28 にシェアを求める計算式を設定し，このセル B28 をセル C28 から F28 にコピーして貼り付けることを考える．なお，シェアは小数点以下 2 桁で表示すること．

コラム：スピル機能

スピル機能のスピルとは「あふれる」，「こぼれる」という意味である．数式を入力したセルだけでなく，隣接する複数のセルに計算結果を自動的に表示させることができる．スピル機能を使うことで数式のコピー＆ペーストが不要となる．

下図の例では，A 列に参照したい数値がすでに入力されている．ここではセル B2 から B6 に A 列の数値を 2 倍した計算結果を表示させることを考える．従来の方法では，セル B2 に数式「=A2*2」と入力した上で，セル B2 の数式をコピーしてセル B3 から B6 にペーストする必要があった．スピル機能ではセル B2 に数式「=A2:A6*2」を入力すると自動的にセル B2 だけでなく，セル B3 から B6 まで A 列の 2 倍の数値が出力される．ここでセル B3 から B6 には数式が入っておらず，これらのセルを「ゴーストセル」と呼ぶ．ゴーストセルの数値をコピーして利用することはできるが，数式の編集はできないことに注意する．

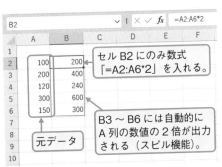

> セル B2 にのみ数式「=A2:A6*2」を入れる。

> B3 〜 B6 には自動的に A 列の数値の 2 倍が出力される（スピル機能）。

操作 5.14：絶対参照でシェアを求める

① 全店舗合計はセル G16 に，また新宿店の合計はセル B16 にあるので，B28 に計算式「= B16/G16」を設定する．

② 次に，この式をセル C28 から F28 にコピーして貼り付け，図 5.20 の結果を得る．

③ B28 から F28 まで範囲指定し，［ホーム］タブ→［数値グループ］の［小数点表示桁下げ］ボタンをクリックして，図 5.21 のように桁数を小数点以下 2 桁にする．

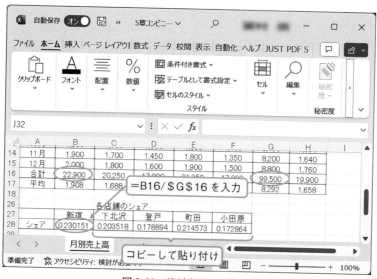

図 5.20　絶対参照の具体例

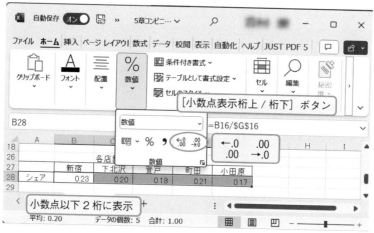

図 5.21　小数点表示の桁数調整

例題5.8

複合参照を使用した具体例として，各店舗の大まかな利益がどの程度となるかを示す粗利[1]について，いくつかの粗利率の場合で計算してみよう．ここで「粗利 = 各店舗合計 × 粗利率」である．前記のワークシートにおいて，粗利率はセル番号 A32 から A34 にあり，粗利は B32 から F34 に設定する．セル B32 に粗利を求める計算式を設定し，このセルの内容をセル B32 から F34 にコピーして貼り付けることを考える．

 操作 5.15：複合参照で粗利を求める

① 粗利率を%で表示させるため，A32 から A34 のセルを選択し，数値タブの%ボタンをクリックして表示書式をパーセントとする．そして，A32 から A34 のセルに 25，30，35 を入力する．このときセル内部で実際に保持しているデータは小数である（例：25%は 0.25）．

② 各店舗の合計は行番号 16 にあるので，列番号は相対参照し，行番号を絶対参照すればよい．また，粗利率は列番号 A にあるので，列番号を絶対参照し，行番号は相対参照すればよい．したがって，セル B32 に「= B$16 * $A32」を設定する．

③ この計算式をセル B32 から F34 にコピーして貼り付けると各粗利率での粗利が，図 5.22 のように表示される．

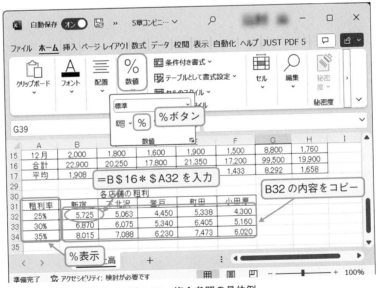

図 5.22　複合参照の具体例

1　粗利 = 売上高 − 売上原価

コラム：セル参照方式の切り替え

セルの参照方式の設定は，編集中の数式のセル番地を選択し，[F4] キーを押すことにより，たとえば A1 → A1 → A$1 → $A1 のように順次切り替えることができる.

5.4 印刷とワークシートの操作

5.4.1 印刷

作成した表を印刷するに際しては，印刷イメージをプレビュー機能で確認するとよい．プレビュー機能は，表が用紙に収まるか，印刷位置はどうなるかなどを確認するために利用する.

操作 5.16：印刷プレビューと印刷

① ［ファイル］タブの［印刷］ボタンをクリックすると，図5.23 のように左側には印刷に関する各種設定情報が，また右側には印刷プレビューが表示される.

② 使用するプリンターを選択した後，ページ指定，印刷の向き，用紙サイズ，余白のとり方などの印刷に関する指定を行う．これらは［ページレイアウト］タブからも設定することができる.

③ 印刷プレビューの表示を適切なサイズにするため，ウィンドウ幅や長さを調整するとよい.

④ 右下の［ページに合わせる］ボタンをクリックすると 1 ページ全体が表示される．また，［余白の表示］ボタンをクリックするとヘッダーやフッターの余白，上下左右の余白の位置などが■で表示されるので，これを動かすことにより余白や列の幅を調整することができる．図5.24 にこれら 2 つのボタンをクリックした場合の表示を示す.

⑤ プレビュー画面を確認し，印刷部数を設定したら，［印刷］ボタンをクリックする．また，白黒で印刷したい場合には印刷画面から「プリンターのプロパティ」をクリックし，表示された設定画面でグレースケールなどの指定を行う必要がある.

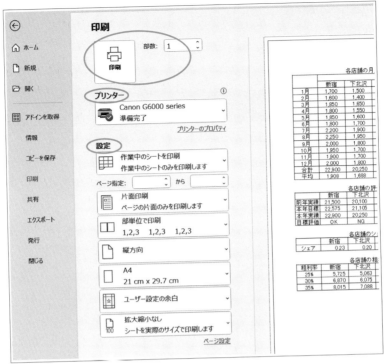

図 5.23 印刷の設定

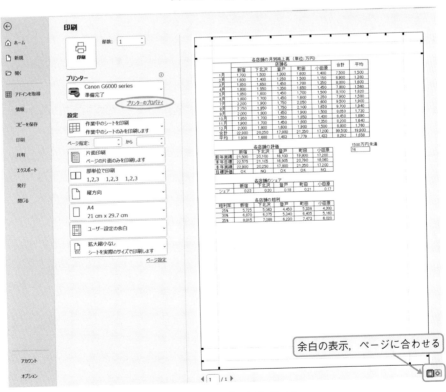

図 5.24 印刷ページの全体プレビュー

問題5.4

作成したファイルを，A4用紙1ページにバランスよく収まるよう，設定を調整して印刷して
みよう．

5.4.2 ワークシートの操作

(1) 行列の挿入と削除

表の作成後, 表中に行や列を挿入したり, 削除したい場合がある.

操作 5.17：行の挿入（列の挿入）

① 挿入したい行番号（列番号）をクリックして行（列）を選択する.

② ［ホーム］タブ→［セル］グループの［挿入］を選択する.

③ 選択した行（列）に新たな行（列）が挿入され, もとの行（列）から後ろは下方向（右方向）へ移動する.

操作 5.18：行の削除（列の削除）

① 削除したい行番号（列番号）をクリックして行（列）を選択する.

② ［ホーム］タブ→［セル］グループの［削除］を選択する.

③ 選択した行（列）は削除され, その後ろの行（列）は上方向（左方向）へ移動する.

なお, 行（列）を選択した後, 右クリックし, 表示されたショートカットメニューから挿入や削除を選択してもよい.

(2) ウィンドウ枠の固定とウィンドウの分割表示

データが大量で, すべてのデータをディスプレイに表示できない場合には, 表の見出し部分を固定したり（ウィンドウ枠の固定）, ウィンドウを上下左右に分割して表示する（ウィンドウの分割表示）と, 入力作業が容易となる. ウィンドウの分割表示では, 表の複数の部分を同時に表示し, 独立にスクロールすることができる.

操作 5.19：ウィンドウ枠の固定

① 図5.25のように表の見出し部分が常に見えるようにするには, 固定したい行（列）の1つ下（右）の行番号（列番号）部分（例では行番号4）をクリックして選択する.

② ［表示］タブ→［ウィンドウ］グループの［ウィンドウ枠の固定（F）］を選択する. 解除したい場合は, ［表示］タブ→［ウィンドウ］グループの［ウィンドウ枠の解除（F）］を選択する.

③ 行と列の両方の見出し部分を表示させたい場合には, 固定したい行と列が交差するセルのすぐ右下のセルを選択後に, ［表示］タブ→［ウィンドウ］グループの［ウィンドウ枠の固定（F）］により行う.

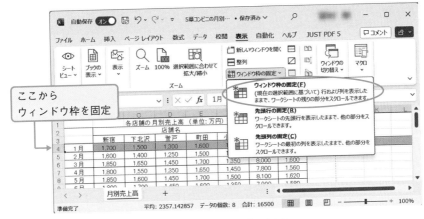

図 5.25　ウィンドウ枠の固定

操作 5.20：ウィンドウの分割表示

① 上下に 2 分割したい場合は，分割後の各ウィンドウの大きさを考慮して適当な行を選択する．［表示］タブ→［ウィンドウ］グループの［分割］をクリックすると上下にウィンドウが分割される．ウィンドウを左右に分割したい場合は，適当な列を選択したのち同様に［分割］をクリックする．

② 分割された各ウィンドウの右側の垂直スクロールバーを動かして，図 5.26 のように対象とする部分を表示する．分割されたウィンドウの境界にマウスポインタを合わせると，ウィンドウ境界のマークが表示されるが，これを左クリックしたまま上下させるとウィンドウの分割サイズを変えることができる．

　　なお，4 分割したい場合は，適当なセルを選択後に，［表示］タブの［分割］をクリックする．

③ 分割を解除したい場合は，再度，［表示］タブの［分割］をクリックする．

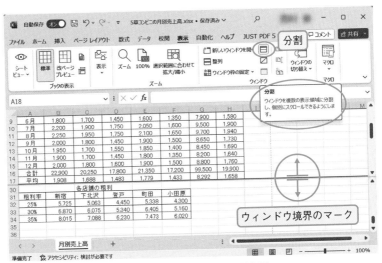

図 5.26　ウィンドウの分割表示

コラム：セル内の改行，行と列の入れ替え

・セル内の改行：セル内で文字列を改行したい場合は，［Alt］キー＋［Enter］キーを押す．

・行と列の入れ替え：表を作成後，行と列を入れ替えたい場合がある．まず表の対象範囲をドラッグ→右クリック→［コピー（C）］→貼り付け先の先頭セルを選択→右クリック→［貼り付けのオプション］→［行列を入れ替える］を選択する．あるいは，表の対象範囲をコピーした後，［ホーム］タブ→［クリップボード］グループの［貼り付けボタン下の▼ボタン］からも実行できる．

（3）シートの追加，削除，名前の変更，コピー，移動

Excel を起動するとデフォルトではシートは1枚である．使用中に新たなシートの追加，不要となったシートの削除，シートの名前の変更などを行いたい場合がある．

操作5.21：シートの追加

◇**方法1**：

［ホーム］タブ→［セル］グループの［挿入］→［シートの挿入］を選択する．右側に新しいシート（Sheet2）が追加される．

◇**方法2**：

ウィンドウ下部のシート見出しの右側の「新しいシート」ボタン（プラスのマーク）をクリックすると図5.27のように，新しいシート（Sheet2）が追加される．シート間の移動は，シート見出しをクリックすることにより行う．

操作5.22：シートの削除

◇**方法1**：

① 削除したいシートを選択する．

② ［ホーム］タブ→［セル］グループの［削除］→［シートの削除］を選択する．

◇**方法2**：

削除したいシートの見出しを右クリックすると図5.28のようなシートにかかわるメ

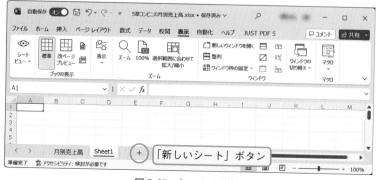

図5.27 シートの追加

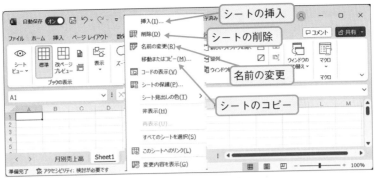

図 5.28　シートの削除

ニューが表示されるので，削除を選択する．なお，このメニューからシートの追加などを行うこともできる．

操作 5.23：シートの名前の変更

シートの名前は「Sheet1」のように表示されるので，内容に応じた名称（たとえば月別売上高）にしたいことがある．

① 名前を変更したいシートを選択する．
② ［ホーム］タブ→ ［セル］グループの［書式］ → ［シート名の変更］を選択する．
③ シート名の部分の色がグレーとなるので，名前を入力して変更した後，Enter キーを押すか他のシートにマウスポインタを移動して選択すると確定する．

なお，名前を変更したいシートの見出しを右クリックすると図 5.28 のようなメニューが表示されるので，［名前の変更］を選択して行うこともできる．

操作 5.24：シートのコピー

作成したシートをコピーして，内容を修正したシートを新たに作成したいことがある．

① コピーしたいシートを選択する．
② ［ホーム］タブ→ ［セル］グループの［書式］ → ［シートの移動またはコピー］を選択する．
③ 図 5.29 のようなダイアログボックスが表示されるので，［コピーを作成する］にチェックを入れ，また挿入先のシート（このシートの右側にコピーが挿入される）を選択する．

なお，コピーしたいシートの見出しを右クリックすると図 5.28 のようなメニューが表示されるので，［移動またはコピー］を選択して行うこともできる．

図5.29 シートのコピー

操作5.25：シートの移動

多数のシートを作成するとシート見出しが隠れて見えなくなったりする．この場合には，シート見出しに隣接して表示されている左右の黒三角マークや「...」をクリックすると，隠れていたシートを表示できる．また，シートの位置を変えた場合には，該当するシートをドラッグして移動することができる．

例題5.4

シートの名前を「Sheet1」から「月別売上高」に変更してみよう．

5.5 グラフ作成

最後に，前節までに作成した表のデータをグラフ化する方法を学ぼう．

5.5.1 グラフ作成の基本

グラフ作成は，挿入タブの［グラフ］グループから開始し，その後にグラフツールとして表示される［デザイン］タブなどを用いて，簡単に行うことができる．

例題5.9

5.3節で作成した「コンビニの月別売上高」から，売上高の変化をわかりやすく表現するために折れ線グラフを作成してみよう．最終的に作成するグラフのイメージは図5.40である．

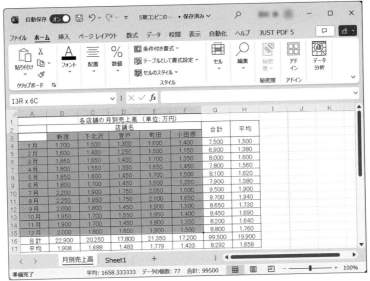

図 5.30　グラフのデータ範囲の選択

操作 5.26：グラフの作成

① 図 5.30 のように，使用するデータの範囲を店舗名も含めて選択（A3〜F15）する．

② ［挿入］タブ→［グラフ］グループの［折れ線グラフの挿入］→［マーカー付き折れ線］を選択し，図 5.31 のように表示されるグラフのプレビューを確認してクリックする．

③ タブがグラフツールの［デザイン］タブに切り替わる．描かれたグラフの上部に表示された「グラフタイトル」を選択して「各店舗の売上高の推移」を入力すると，図 5.32 のようになる．また，グラフの右側には種々の調整を行うための「グラフ書式コントロール」と呼ぶ，「グラフ要素」「スタイル」「グラフフィルター」の3つのボタンが表示される．これを用いたグラフの調整は 5.5.2 項で説明する．

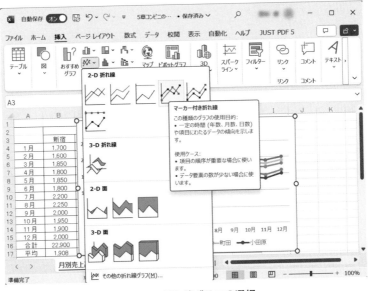

図 5.31　折れ線グラフの選択

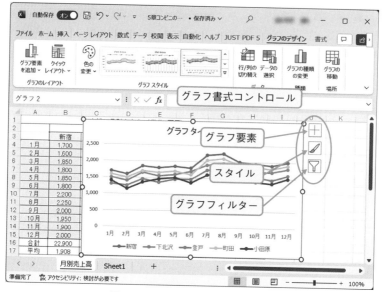

図5.32 生成された折れ線グラフ

図5.33 グラフの移動

　表のデータを修正すると，グラフも自動的に修正される．また，作成したグラフが自分のイメージどおりでない場合，たとえば，折れ線グラフから棒グラフへの変更は，［デザイン］タブの［グラフの種類の変更］から行うことができる．

　作成したグラフを他のシートへ移動したり，グラフ専用のシート（グラフシート）を生成したい場合には，図5.33のような［デザイン］タブの［グラフの移動］から行う．

5.5.2　グラフの調整

　前記のようにグラフは簡単に作成することができるが，見栄えをよくするため，必要に応じて各種の調整を行う．ここでグラフを構成するグラフ要素の名称を図5.34に示す．

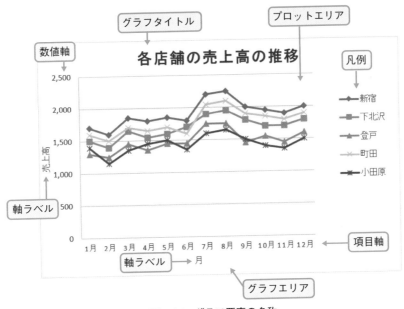

図5.34 グラフ要素の名称

Excelでは，グラフ要素の調整には次のような3つの方法がある．以降の操作では，方法1と方法2を用いて説明する．

◇**方法1**：グラフ書式コントロールの3つのボタン

図5.32のようにグラフを選択すると，すぐ右側に表示される「グラフ要素」「スタイル」「グラフフィルター」のボタンである．マウスポインタをウィンドウ上部の［デザイン］タブまで移動させずにすばやく行うことができる．

◇**方法2**：作業ウィンドウとミニメニュー

グラフ要素を選択して右クリックすると表示されるミニメニュー，およびこのミニメニュー下部の「××の書式設定」をクリックして［××の書式設定］作業ウィンドウ（例：軸の書式設定）を表示させる．方法1の詳細項目の下部に表示される「その他のオプション…」から作業ウィンドウを開くこともできる．

◇**方法3**：デザインタブ

［グラフのレイアウト］グループの［グラフ要素を追加］から調整したい要素を設定したり，［クイックレイアウト］から定型レイアウトを選択する．また，［グラフスタイル］グループでスタイルを選択する．

操作5.27：グラフの位置とサイズの調整

① グラフの位置はグラフエリアをクリックして選択し，任意の位置へドラッグする．また，グラフエリア中のプロットエリアや凡例はドラッグにより位置を変えることができる．

② グラフエリアやプロットエリアのサイズは，対象を選択するとサイズ変更ハンドルが表示されるので，これにマウスポインタを合わせてドラッグすると任意のサイズに変更できる．

図5.35 グラフ要素の調整（折れ線のマーカー）

操作5.28：グラフ要素の調整

① 先に作成した折れ線グラフ（図5.32）のマーカーはすべてマル印なので，白黒／グレースケール印刷をすると区別がつかない．そこで○×△など線ごとにマーカーを変えたい．図5.35のようにグラフ書式コントロールの［スタイル］から「スタイル11」を選択し，一括してマーカーを自動的に変える．

② スタイル11では目盛線が縦軸であるので横軸に変更する必要がある．このためグラフ書式コントロールの［グラフ要素］→［目盛線］→［第1主横軸］を選択する．このとき第1主縦軸のチェックをはずす．

③ 縦軸の軸ラベルとして「売上高」を表示するため，［グラフ要素］→［軸ラベル］→［第1縦軸］を選択する．表示された軸ラベルをクリックして「売上高」を入力する．

④ 凡例の位置を右側にするため，［グラフ要素］→［凡例］→［右］を選択すると図5.36のようになる．

なお，折れ線のマーカーの種類とサイズを指定して変更したい場合には，対象の折れ線を右クリックしてミニメニューを表示し，［データ系列の書式設定］→［塗りつぶしと線］→［マーカーのオプション］→［組み込みをチェック］→［種類，サイズを選択］により行うことができる．

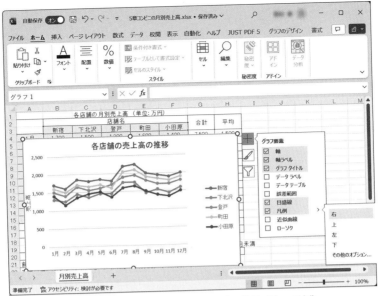

図 5.36 グラフ要素の調整 (横軸, 軸ラベル, 凡例)

操作 5.29:グラフ要素の詳細な調整

① グラフ要素について更に詳細な設定をしたい場合には,「××の書式設定」作業ウィンドウを開いて行う. このため詳細設定したいグラフ要素をマウスで右クリックすると, たとえば縦軸だと図 5.37 のようなメニューが表示されるので, 下部の「軸の書式設定」を選択する.

② 縦軸の数値軸目盛の最小値は標準では 0 (ゼロ) であり, また本例では最大値が2500 と表示されているが, 表示範囲の最小値を 1000, 最大値を 2400 に設定して値の差を際立たせることができる. このため図 5.38 のように「軸の書式設定」作業ウィンドウで, 最小値に 1000, 最大値に 2400 を設定する.

③ 凡例の店舗名の書体を斜体に変更するには,「凡例」を右クリックして表示したミニメニューの [フォント] → [スタイル] → [斜体] を選択する. また, 凡例を黒の枠線で囲むには,「凡例」を右クリックして表示したメニューの「枠線」で黒または自動を選択する (図 5.39). なお,「凡例の書式設定」作業ウィンドウを表示して [塗りつぶしと線] → [枠線] → [線 (単色)] →色から設定してもよい.

④ 縦軸と横軸の数値と項目, および凡例の文字の色は, グレースケールとなっているので, 黒色に変更する.「××の書式設定」作業ウィンドウの [文字のオプション] で色を設定してもよいが, 対象を選択して [ホーム] タブ→ [フォント] グループ → [フォントの色] で黒または自動を選択して設定することもできる.

以上のグラフ要素の詳細な調整により, 最終的に図 5.40 のようになる.

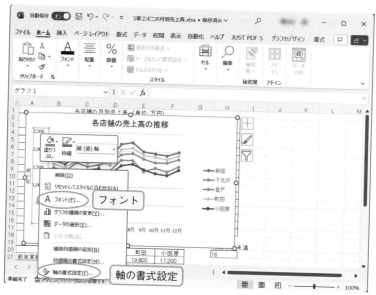

図5.37 数値軸の「軸の書式設定」の選択

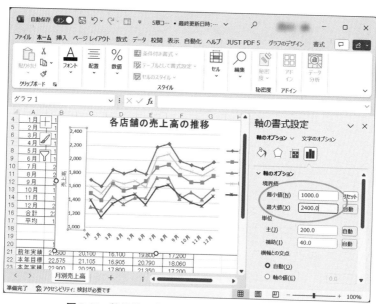

図5.38 数値軸の「軸の書式設定」作業ウィンドウ

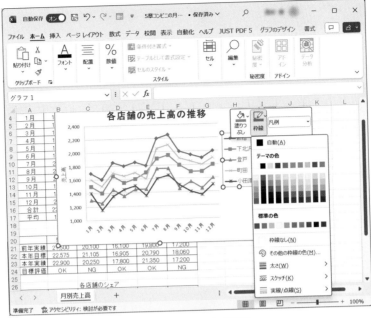

図5.39 凡例の書式設定

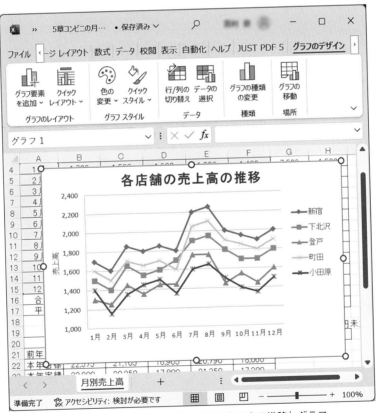

図5.40 最終の調整後の「各店舗の売上高の推移」グラフ

コラム：エラー表示

Excelでの代表的なエラー表示とその原因を下表に示す.

エラー原因

エラー表示	原因
#####	セル幅が狭いので表示しきれない
#DIV/0!	ゼロや空欄のセルによる割り算
#NAME?	関数名の誤り，セル範囲指定でコロン抜け
#NULL!	セル範囲の参照が誤り
#NUM!	引数の数値として適切な値でない
#N/A	使用できる値がない
#REF!	参照先のセルが存在しない
#VALUE!	引数の種類が誤り

章末問題

1. 例題5.1の各店舗の年間売上高を比較するための円グラフを作成してみよう.

2. 複合参照を利用して掛け算の九九（マトリックス表）を作成してみよう.

第6章
表計算の応用

　前章において Excel の基本操作を学んだが，Excel は表計算機能を提供するだけではない．本章では Excel の応用機能として，6.1 節ではデータの傾向や特性を明らかにするデータ分析機能について，6.2 節では大量のデータから条件を満たすものを取り出す検索機能や並べ替え機能など，データベースと呼ばれる機能について学習する．

6.1　Excel を用いたデータ分析

　6.1.1 項では大量データを整理して集計を行う**クロス集計**を，6.1.2 項ではデータの分布状況を把握するための**ヒストグラム**を，そして 6.1.3 項ではデータの相関関係や傾向を調べる**回帰分析**を扱う．これらは経営分析，マーケティング，品質管理などを始めとして，幅広い領域で活用できる機能である．

6.1.1　クロス集計（ピボットテーブル）

　大量のデータをいろいろな角度から，集計してわかりやすく整理することは有用である．これを**クロス集計**という．アンケート調査のデータの集計を例に考える．単純集計では回答者の属性を考慮せずにアンケートの結果を設問ごとに集計する．ここで，アンケート調査の結果を，年齢，性別，職業などから分類して集計したいというケースがある．クロス集計ではアンケートを設問単位で単純に集計するだけでなく，年齢や性別など回答者の属性とかけ合わせて集計する．クロス集計を活用することで，単純集計では見えなかったデータの傾向を把握することができる．Excel ではクロス集計機能を**ピボットテーブル**というツールで提供する．

　ピボットテーブルで使用する元データの表は，たとえば図 6.1 に示すように，先頭行に**項目名（フィールド名）**が付与され，次の行から実際のデータが設定されている必要がある．このような形式は**リスト形式**と呼ばれ，6.2 節で述べるデータベースでも使用される．

例題6.1

　図 6.1 に示すようなお茶飲料の仕入れ状況のデータをもとに，仕入れ金額を店舗と種類の観点から図 6.2 に示すような集計表を作成してみよう．

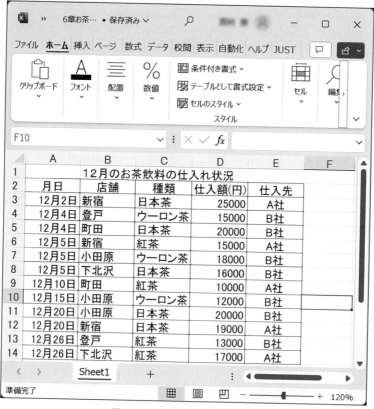

図6.1　お茶飲料の仕入れ状況

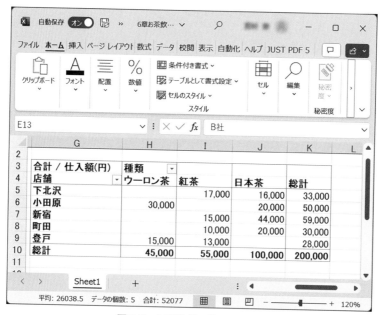

図6.2　お茶飲料の仕入れ集計

操作6.1：ピボットテーブルの作成

① クロス集計を行いたいデータが入っている表中の任意のセルを選択する．図6.1ではセルB3が選択されている．

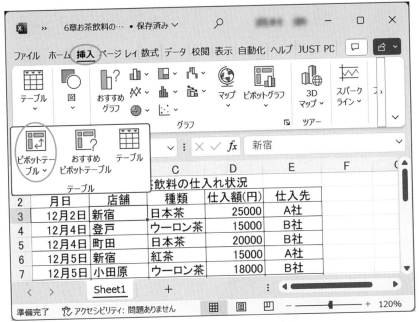

図 6.3　ピボットテーブルの選択

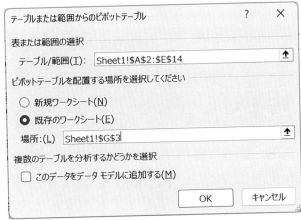

図 6.4　データの範囲と作成場所の選択

② 図 6.3 のように［挿入］タブ→［テーブル］グループの［ピボットテーブル］を選択すると，図 6.4 のような［ピボットテーブルの作成］ダイアログボックスが表示される.

③ 使用するデータの範囲が，図 6.4 のように自動的に設定されている[1]ことを確認する．ピボットテーブルを作成する場所は，ここでは同一ワークシートのセル G3 からとする．このため「既存のワークシート」を選択した後，セル G3 をクリックすると図 6.4 のようにセル情報が自動的に設定される.

④ OK ボタンをクリックすると，図 6.5 のようなピボットテーブルのエリアが追加され，フィールドリスト（項目名が表示されたブロック）が表示される.

⑤ そこで図 6.5 のようにフィールドリストの項目を選択して，店舗は「行ラベル」，

1　これは最初に表の 1 つのセルを選択したことで，自動的に範囲が判定されるからである.

図6.5 ピボットテーブルのフィールドの設定

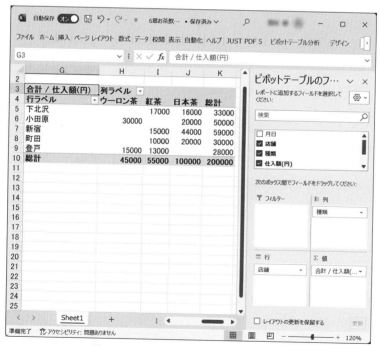

図6.6 ピボットテーブルによる集計結果

種類は「列ラベル」, 仕入額は「値」のボックスへドラッグすると, 図6.6のような集計表が作成される.

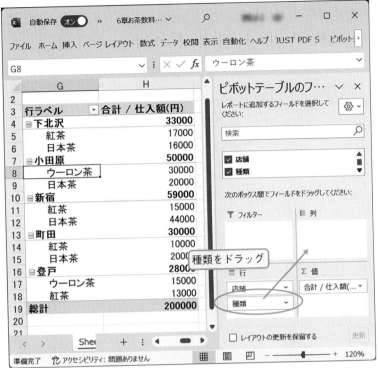

図6.7 ピボットテーブルにおけるフィールドの指定

なお, 集計値がゼロ「0」となる格子はデフォルトでは空白で表示される.

フィールドリストの表示の有無は, ピボットテーブル中の1つのセルを選択したのち, [分析] タブ→ [表示] グループの [フィールドリスト] を選択, または右クリックで表示したショートカットメニューから [フィールドリストを表示する (表示しない) (D)] により設定できる.

なお, フィールドリストにおいて, 集計したい項目 (店舗, 種類, 仕入額) を下部へドラッグする方法を採らず, 単にチェックマークを付けると図6.7のような集計表が作成される. このとき, フィールドリストの下部の行ラベルには「店舗」と「種類」の2つが設定されているが,「種類」を選択して列ラベルへドラッグすると, 図6.6のような集計表となる.

 操作6.2：ピボットテーブルの表示形式の調整
① 図6.6で行ラベルは「店舗」, 列ラベルは「種類」として, 元データのフィールドの名称を表示したい. このため図6.8のように, [デザイン] タブ→ [レイアウト] グループの [レポートのレイアウト] → [表形式で表示] を選択する.
② 次に, 同じく [デザイン] タブ→ [ピボットテーブルスタイル] グループでテーブルスタイルの一覧を表示して,「ピボットスタイル (淡色) 22」を選択する.
③ 最後に, 数値を読みやすくするため, 桁区切り記号 (,) を付ける. このため, 対象範囲のセルすべてを選択した後に, [ホーム] タブ→ [数値] グループの [桁区切りスタイル] ボタンをクリックする.

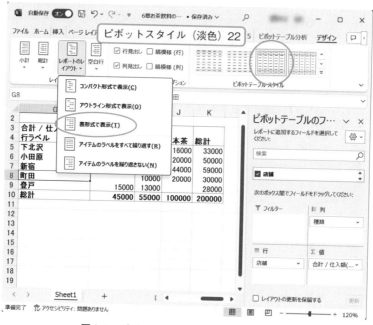

図6.8　ピボットテーブルの表示形式の調整

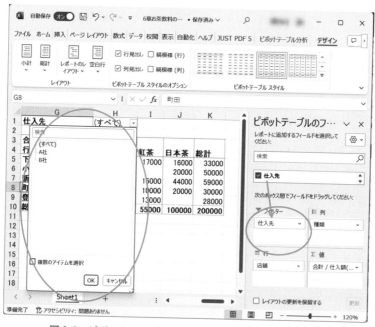

図6.9　ピボットテーブルによる集計結果（仕入先の指定）

以上の操作により，図6.2に示した「お茶飲料の仕入れ集計」の表が得られる．

操作6.3：集計を分ける

①　仕入先ごとに集計を分けたいときには，フィールドリストの「仕入先」を選択し，下部の「フィルター」の欄へドラッグする．

②　すると図6.9のようにG1セルに仕入先と表示されるので，H1セルにてプルダウン形式の一覧から仕入先を指定する．

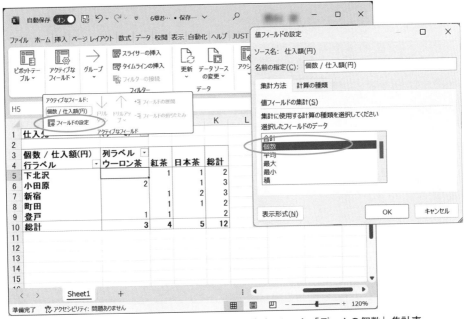

図6.10 「値フィールドの設定」ダイアログボックスと「データの個数」集計表

問題6.1

図6.9の画面において，A社の集計表を表示してみよう．

操作6.4：いろいろな集計方法

① これまで仕入れ金額の集計を行ってきたが，ピボットテーブルではデータの個数など計算の種類を選択することができる．

② ［分析］タブ→［アクティブなフィールド］グループの［フィールドの設定］ボタンを選択すると［値フィールドの設定］ダイアログボックスが表示され，たとえば「データの個数」を選択してOKボタンを押すと，図6.10のようにデータの個数の集計表となる．

なお，［値フィールドの設定］ダイアログボックスは，フィールドリストのΣ値のところの▼印をクリックして表示されるプルダウンメニューからも選択することができる．

6.1.2 ヒストグラム

収集した大量のデータがどのような分布をしているのか整理する方法の1つとして，度数分布表があり，これをグラフ化したものがヒストグラム（度数分布グラフ）である．度数分布表は，あるデータ区間（階級という）に入るデータが何個あるかをまとめたものであり，各データ区間に入るデータの個数を度数という．ヒストグラムは，これを棒グラフとして表現したものである．

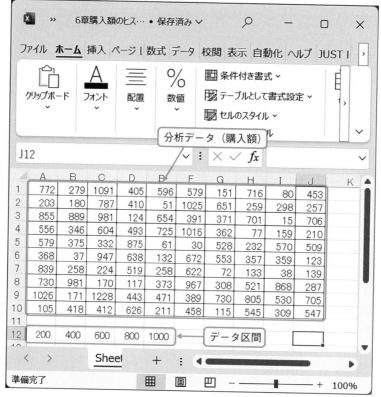

図6.11 昼1時間の客100人の購入金額（円）

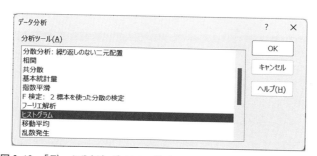

図6.12 「データ分析」ダイアログボックスからヒストグラムの選択

例題6.2

図6.11に示すような昼の1時間に来た客100人の購入額のデータをもとに，購入額のヒストグラムを作成する．ここではヒストグラム作成のためのデータ区間は200円単位，また1000円以上は一括のデータ区間として扱うことにする．

操作6.5：ヒストグラムの作成

① データ区間の情報を，分析したいデータと同じワークシート上に設定する．ここでは図6.11のように12行目に設定する．

② ［データ］タブ→［分析］グループの「データ分析」ダイアログボックス（図6.12）→「ヒストグラム」を選択し，［OK］ボタンをクリックする．

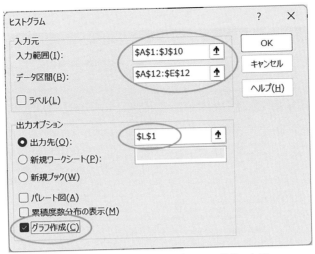

図 6.13 「ヒストグラム」ダイアログボックス

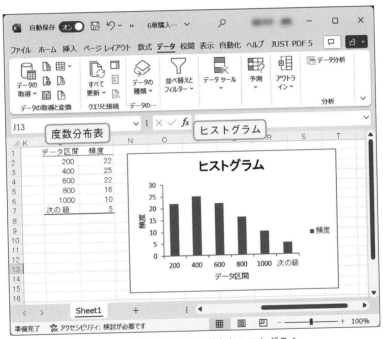

図 6.14 購入額の度数分布表とヒストグラム

③ 「ヒストグラム」ダイアログボックスで，データの入力範囲とデータ区間と出力先の情報を設定する．入力範囲はセル A1 から J10 を，データ区間はセル A12 から E12 の範囲を，また出力先は同一ワークシートのセル L1 をドラッグして選択すると図 6.13 のようにセル情報が自動的に設定される．また，出力オプションの「グラフ作成（C）」にチェックを入れる．

④ ［OK］ボタンをクリックすると，図 6.14 に示す度数分布表とヒストグラムが作成される．作成されたグラフは，グラフエリアをクリックすると表示される四角（□）のハンドルにより適切な大きさに調整することができる．

なお，［データ］タブのメニューに［データ分析］が表示されていないときは，［ファイル］

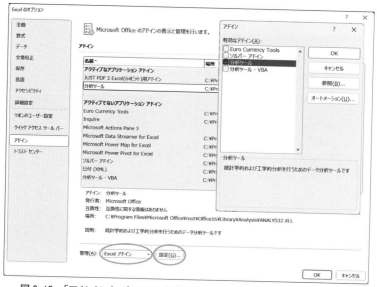

図6.15 「アドイン」ダイアログボックス（分析ツールをチェックする）

タブ→［オプション］を選択した後，図6.15のように［Excelのオプション］→［アドイン］
→管理ボックスの［Excelアドイン］→［設定］→「アドイン」ダイアログボックスで「分析
ツール」にチェックを付けると，［データ］タブのメニューに［データ分析］が表示されるよ
うになる．また，［Excelのオプション］はウィンドウ上部の［クイックアクセスツールバー
の▼印］→［その他のコマンド］を選択しても表示される．

問題6.2

例題6.2において，データ区間を300円単位，また1200円以上は一括としたときのヒストグ
ラムを作成し，図6.14と比較してみよう．

コラム：外部ファイルからのデータ入力

　他のアプリケーションで作成されたデータを手で再入力することなく，そのままExcelの表に入
力することができる．このための代表的なファイル形式として，CSV（comma separated value）
があり，セルごとに入れたいデータをカンマで区切って並べる．［データ］タブ→［外部データの取
り込み］→［テキストファイル］を選択し，入力したいファイルからデータを取り込む．
　メモ帳やテキストエディタを使用して，CSV形式でデータを収集しておけば，あとで手軽にデー
タ分析やデータ検索に利用できる．なお，Excelで作成したデータをCSV形式で保存するには，保
存時にファイルの種類をCSVとすればよい．

6.1.3 回帰分析と近似曲線

　回帰分析とは複数の変数からなるデータを分析するために使用される統計解析の手法であ
る．たとえば2つの変数の場合には，図6.16に示すように2次元平面上にデータをプロット
した散布図を描き，データの散らばり具合を直線や曲線で近似して変数の相関関係を調べる．

これによりデータを予測したり，事象の関係を明らかにすることができる．近似曲線を直線で近似する場合は回帰直線といい，また曲線で近似する場合は回帰曲線という．

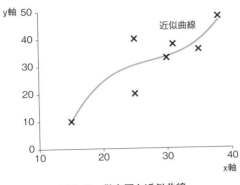

図 6.16 　散布図と近似曲線

例題6.3

ある店舗の7月における清涼飲料の売上高と最高気温の相関関係を調べるため，図6.17に示す過去8年間のデータから，散布図と回帰直線を作成しよう．

操作 6.6：散布図と回帰直線の作成

① 散布図に使用するデータ（最高気温と売上高の部分）のセル範囲（ここではセルA3からI4）を選択する．

② ［挿入］タブ→［グラフ］グループの［散布図］をクリックして，図6.18のような散布図のメニューを表示する．なお，グラフ作成の基本操作については5.5節を参照のこと．

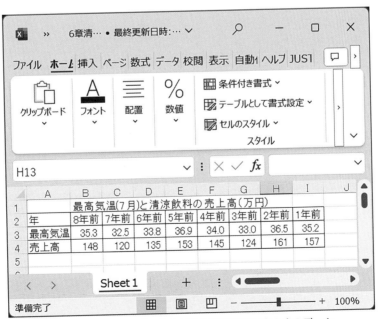

図 6.17 　過去8年間の最高気温と清涼飲料の売上高のデータ

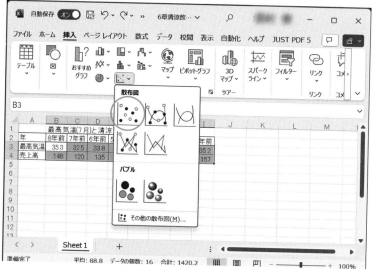

図6.18 散布図のメニュー

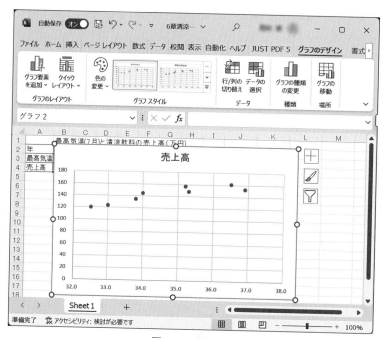

図6.19 散布図

③ 散布図（マーカーのみ）をクリックすると，図6.19のような散布図が作成される．

④ ［デザイン］タブ→［グラフのレイアウト］グループの［クイックレイアウト］から，レイアウト9を選択すると，図6.20のように回帰直線とその数式，軸ラベル，凡例が表示される．

⑤ グラフタイトルに「清涼飲料の売上高と最高気温」，X軸に「最高気温」，Y軸に「売上高（万円)」を設定する．

⑥ 次に，散布図の関係をわかりやすくするため，Y軸（売上高）の調整を行う．このためポインタをY軸上に合わせて右クリックしてショートカットメニューを表示させ，［軸の書式設定（F)]を選択し，図6.21のように「軸の書式設定」ボッ

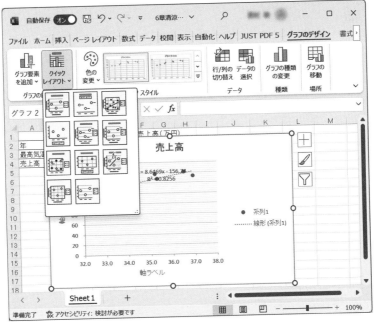

図 6.20　散布図のレイアウトの選択と回帰直線の素描

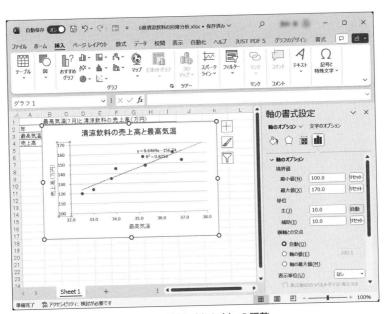

図 6.21　Y 軸（売上高）の調整

クスを表示させる．そして，軸のオプションで，最小値を 100，最大値を 170 に，また補助目盛間隔を 10 に設定した後，「軸の書式設定」ボックスを閉じる．なお，X 軸（最高気温）表示範囲を調整したい場合は，同様に X 軸の「軸の書式設定」ボックスから設定を行えばよい．

⑦　回帰直線の方程式などの表示位置は移動できるので，見やすい位置に移すとよい．また，図の右側に「売上高」「線形（売上高）」という凡例が表示されているが，ここでは特に必要ないので選択して削除する．

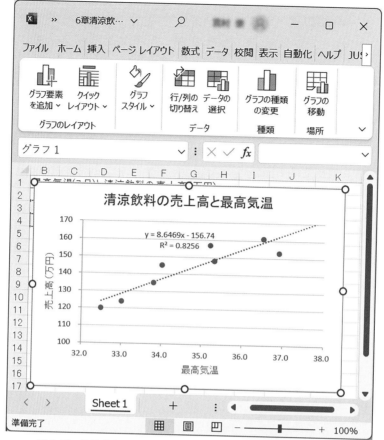

図6.22 清涼飲料の売上高と最高気温に関する散布図と回帰直線

⑧ 以上により図6.22のような散布図と回帰直線が描かれる。この回帰直線の方程式は、

$$y=8.6469x-156.74,\quad R^2=0.8256$$

となる。この方程式を用いてある最高気温時の売上高を予測することができる。たとえば、38度の場合は$x=38$を代入して計算すると約172万円となる。

なお、R^2値とは決定係数のことであり、0〜1の値をとり、近似式の当てはまりのよさを表す数値である。1に近いほど当てはまりがよいと判断する。

近似曲線の種類を変更したい場合には、回帰直線を右クリックして、図6.23のような「近似曲線の書式設定」ボックスを表示し「近似曲線のオプション」から選択する。

上記ではデザインタブのクイックレイアウトで示される定型レイアウトを活用してグラフ要素の割り付けなどを行ったが（操作6.6の④）、第5章5.5節で説明したグラフ書式コントロールのグラフ要素ボタン（プラスマーク）を使用する場合の方法を次に示す。

グラフ要素ボタンをクリックして、図6.24のようにグラフ要素のメニューを表示し、軸ラベル、近似曲線にチェックをつける。近似曲線のメニューで「その他のオプション…」を選択し、図6.25のように「近似曲線の書式設定」ボックスの「近似曲線のオプション」の下方にある「グラフに数式を表示する」と「グラフにR-2乗値を表示する」にチェックをつける。

また，Y 軸（売上高）の調整（操作 6.6 の⑥）についても，［グラフ要素ボタン］→「軸」
→「その他のオプション…」から「軸の書式設定」ボックスを開いて行うことができる．

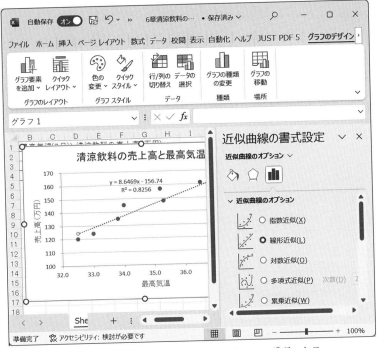

図 6.23　「近似曲線の書式設定」のダイアログボックス

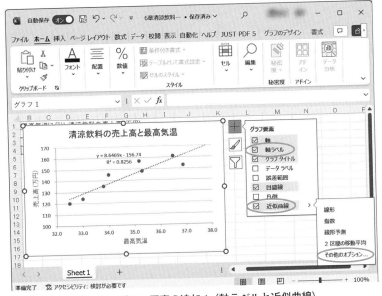

図 6.24　グラフ要素の追加 1（軸ラベルと近似曲線）

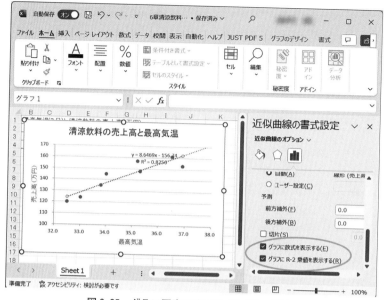

図6.25 グラフ要素の追加2（数式とR²値）

問題6.3

図6.22の回帰直線の方程式を用いて，最高気温が31度のときの売上高の予測値を求めてみよう．

問題6.4

操作6.6において近似曲線の種類として多項式近似を選択すると，どのようになるか調べてみよう．

6.2 データベース

　コンピュータに大量のデータを整理して蓄積し，データを検索したり，並べ替えたり，絞り込んだりする機能を実現するシステムを**データベース**という．金融，生産，経営などのあらゆる領域でデータベースは情報システムの基盤であり，データベース用の専用ソフトウェアが用いられることが多い．Excelでは基本的なデータベース機能が提供されており，小規模なデータ管理で活用されている．ここではスタッフ（アルバイト）管理を例として，Excelのデータベース機能の利用方法について説明する．

6.2.1 データ入力

　Excelでデータベース機能を利用するためには，**リスト形式**というかたちでデータを設定する必要がある．リスト形式では，シートの**1行目の各列には列の見出し（項目名）**を記し，**2行目からデータ**を入力する．図6.26に示すように，リストの各列のことを**フィールド**，1行目の項目名のことを**フィールド名**，データが入力された2行目からの各行を**レコード**という．
　リストの作成に際しての注意事項は次のとおりである．

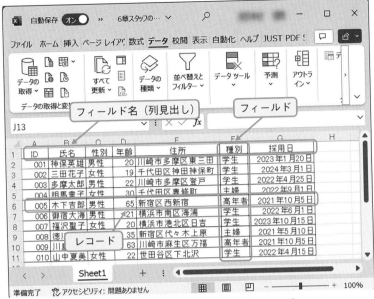

図 6.26 データベース機能のための構成要素

表 6.1 スタッフのデータ

ID	氏名	性別	年齢	住所	種別	採用日
001	神保英雄	男	20	川崎市多摩区東三田	学生	2023 年 1 月 20 日
002	三田花子	女	19	千代田区神田神保町	学生	2024 年 3 月 1 日
003	多摩太郎	男	22	川崎市多摩区登戸	学生	2022 年 4 月 25 日
004	相馬幸子	女	30	千代田区専修町	主婦	2022 年 9 月 1 日
005	木下吉郎	男	65	新宿区西新宿	高年者	2021 年 10 月 5 日
006	御宿大海	男	21	横浜市南区海浦	学生	2022 年 6 月 1 日
007	福沢聖子	女	20	横浜市港北区日吉	学生	2023 年 10 月 15 日
008	徳川涼子	女	35	新宿区代々木上原	主婦	2021 年 5 月 10 日
009	川島誠司	男	63	川崎市麻生区万	高年者	2021 年 10 月 5 日
010	山中夏美	女	22	世田谷区下北沢	学生	2022 年 4 月 15 日

① 1つのシートには1つのリストのみを設定する.

② 1行目にはフィールド名のみを入れ,表のタイトルなどを入れてはならない.

③ 1行に1件のデータを入力し,空白の行や列を入れない.

④ レコードを一意に区別できる番号のフィールドを設ける.これはリレーショナルデータベース[2]でいう「主キー」に相当するものである.

例題6.4

表6.1に示すスタッフのデータを入力してファイル(データベース)を作成しよう.

---

2 表形式でデータを表現するデータベースのことであり,現在の主流である.関係データベースともいう.

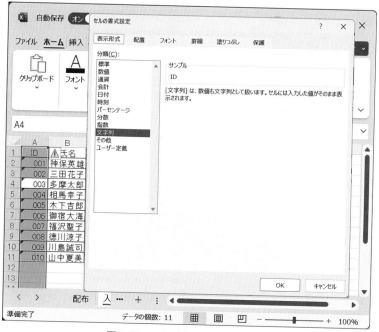

図6.27 文字列としての表示設定

　IDのフィールドには001のような半角数字を文字列として入力する必要がある．単純に001を入力すると自動的に1へ変換されてしまうので，次に示す操作により，自動変換を回避する．

操作6.7：数字の文字列としての入力
① 文字列として入力したい列，ここではIDのフィールドであるA列を選択する．
② ［数値］グループの右下にあるダイアログボックス起動ツール □ をクリックし，図6.27のような「セルの書式設定」ダイアログボックスの「表示形式」タブを開き，「文字列」を選択する．なお，［ホーム］タブ→［数値］グループの［表示形式］で文字列を選択してもよい．
③ IDの列に3桁の半角数字を入力する．
④ 文字列に設定したセルの左上にはエラーマーク（緑色の三角）がつくが，これを非表示にするには，［ファイル］タブ→［オプション］を選択した後，図6.28のように［Excelのオプション］→［数式］→［エラーチェックルール］から「文字列形式の数値，またはアポストロフィで始まる数値」のチェックをはずす．なお，［Excelのオプション］はウィンドウ上部の［クイックアクセスツールバーの▼印］→［その他のコマンド］を選択しても表示される．

図 6.28　エラーマークの非表示設定

　フィールドごとに日本語と英数半角など異なる場合に，入力モードを切り替えるのは面倒である．これに対しては自動入力規則の設定をしておくと便利である．

① 対象とするフィールドを選択する．

② 図のように［データ］タブ→［データツール］タブ→［データの入力規則］ボタンを選択し，［データの入力規則］ダイアログボックスの「日本語入力」タブを開いて適切なものを選択する．

　図では年齢（列 D）のフィールドを，半角英数字に設定している．

　データの入力規則では，データを一定の範囲内の大きさや正の整数のみに限定し，誤っていたらエラーメッセージを表示するといった機能も設定できる．

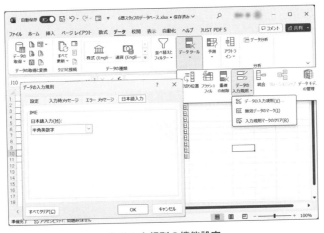

自動入力規則の機能設定

　表 6.1 の採用日のフィールドは西暦表示による年月日である．これを単なる文字列として入力すると，勤続年数などを算出するためのデータとして利用することができない．そこで次に示す操作により，年月日のデータとして入力する．

操作6.8：年月日の入力と表示

① 年月日のデータとして入力したい列，ここでは採用日のフィールドであるG列を選択する．

② ［数値］グループの右下にあるダイアログボックス起動ツール ⊿ をクリックし，図6.29のような「セルの書式設定」ダイアログボックスを開き，「表示形式」タブで「日付」を選択し，種類（T）で西暦4桁の「2012年3月14日」，カレンダーの種類（A）で「グレゴリオ暦」を選択する．

③ セルに年月日の各2桁を「/」または「-」（ハイフン）で区切って入力する．2019年4月18日ならば，19/4/18または19-4-18を入力する．

なお，5.1節の「コラム：金額や日付などの入力と表示」も参照のこと．

データの入力方法として，カード型フォームによる方法がある．1件のデータのみが表示されるので，入力ミスを避けられスムーズに入力することができる．Office 2007 からはオプションとなったので，まず本機能の設定が必要である．［ファイル］タブ→［オプション］を選択した後，図6.30のように［Excel のオプション］→クイックアクセスツールバー→［リボンにないコマンド］→［フォーム…］→［追加］ボタンを押すと，右側の「クイックアクセスツールバーのユーザー設定」の下欄にフォームが追加される．これにより図6.31のようにクイックアクセスツールバーに「フォーム」のボタンが表示される．

表のなかの任意のセルにカーソルを移動した後，フォームボタンを押下すると図6.32のカ

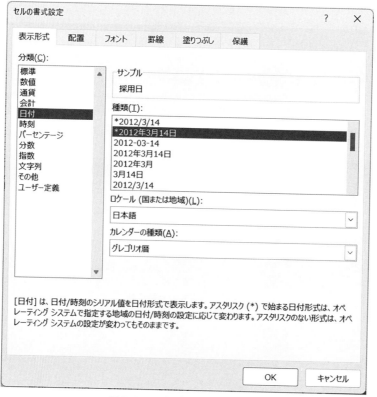

図6.29　日付データの表示設定

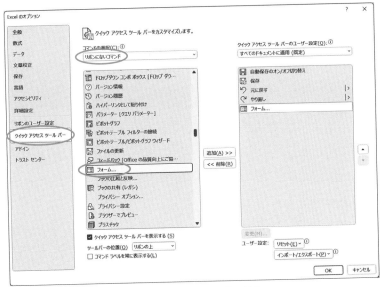

図 6.30 フォーム機能の追加

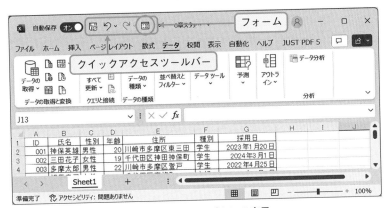

図 6.31 フォームボタンの表示

Sheet1	? ×
ID(A): 001	1 / 10
氏名(B): 神保英雄	新規(W)
性別(E): 男性	削除(D)
年齢(G): 20	元に戻す(R)
住所(I): 川崎市多摩区東三田	前を検索(P)
種別(J): 学生	次を検索(N)
採用日(K): 2023/1/20	検索条件(C)
	閉じる(L)

図 6.32 カード型フォーム

ード型フォームが表示される。カード型フォームでは [Tab] キーで項目間の移動，カーソル
(↓や↑) でレコード間の移動ができる。新しいレコードの作成は「新規」ボタンにより行
う。なお，[検索条件 (C)] のボタンにより，データの検索もできる。

問題6.5

表6.1のデータを実際に入力してデータベースを作成してみよう.

6.2.2　検索と置換

大量のレコードで構成される表のなかから，特定の文字列を含むセルを検索することができる.

操作6.9：検索の基本操作

① 表全体を検索対象とする場合は，［ホーム］タブ→［編集］グループの［検索と選択］→［検索（F）］を選択し，「検索する文字列（N）」の欄に特定の文字列を入力する.［次を検索（F）］をクリックすると，該当するセルが選択される.

② ［すべて検索（I）］をクリックすると検索結果の一覧が表示され，選択すると表の該当するセルが選択される. たとえば「川崎市」を含むレコードを検索すると図6.33のようになる.

また，必要に応じてオプションから詳細を設定することができる. 表の一部を検索対象とする場合は，検索したい範囲を選択した後に，同様の操作で検索する.

操作6.9に示した検索方法では，指定した文字列がセル内で先頭から，あるいは途中から現れるいずれの場合も検索されることになる. たとえば氏名が「多摩」であるスタッフを検索したい場合でも，操作6.9に示した方法では「川崎市多摩区」を含むセルも対象となってしまう. そこで，セルが**特定の語で始まるデータのみの検索**をする場合には，以下のように行う.

図6.33　文字列の検索（すべて検索）

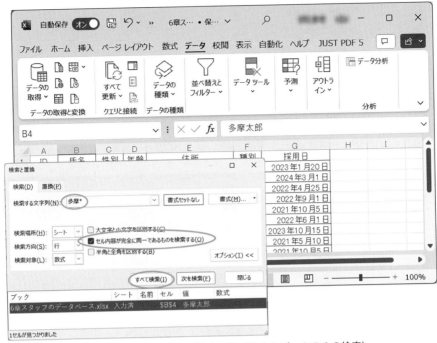

図 6.34　文字列の検索（特定の語で始まるデータのみの検索）

操作 6.10：特定の語で始まるデータのみの検索

① 図 6.34 のように「検索する文字列（N）」で，特定の語の後にワイルドカード（任意の文字列であることを意味する）である「*」（半角のアスタリスク）を入れる．

③ 検索画面のオプションで「セル内容が完全に同一であるものを検索する（O）」にチェックする．

③ ［すべて検索（I）］ボタンをクリックすると図 6.34 のように検索結果が表示される．

問題6.6

住所が新宿区のスタッフを検索し，すべて表示してみよう．

　置換機能を用いると検索した文字列を別の文字列に置き換えることができる．ここでは具体例として，性別の表示で，男を男性に置き換えてみる．

操作 6.11：置換機能

① ［ホーム］タブ→［編集］グループの［検索と選択］→［置換（R）］を選択する．

② 図 6.35 のように「検索する文字列（N）」を「男」，「置換後の文字列（E）」を「男性」に設定する．

③ そして［すべて置換（A）］ボタンをクリックすると，該当するセルのデータが置き換わる．

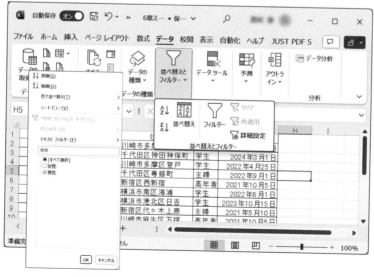

図 6.35 「文字列の置換」ダイアログボックス

6.2.3 フィルタリング

表のなかから指定した条件を満たすレコードのみを抽出して表示することができる．このための機能が**オートフィルタ**である．複数の条件を指定して絞り込むこともできる．

操作 6.12：オートフィルタの使用

① 表中の任意のセルを選択する（表を選択する意味であり，どのセルでもよい）．

② ［データ］タブ→［並べ替えとフィルタ］グループの［フィルタ］を選択する．なお，［ホーム］タブ→［編集］グループの［並べ替えとフィルタ］→［フィルタ］でもよい．

③ すると図 6.36 のように表の 1 行目のフィールド名の右側に ▽ ボタンが表示される．この ▽ ボタンの下に表示されるボックスから選択すれば，該当するデータを有するレコードのみが抽出されて表示される．

④ たとえば，図 6.36 の性別の項目で「男性」を選択すると図 6.37 のようになる．データを絞り込んだ列の ▽ ボタンはフィルタのマーク，列番号はブルーになり，また Excel ウィンドウの左下には，抽出したレコード件数が表示される．すべてのレコードを再度表示したい場合には，▽ ボタンで（すべて）を選択すればよい．

図 6.36 オートフィルタの例（性別の▼指定時）

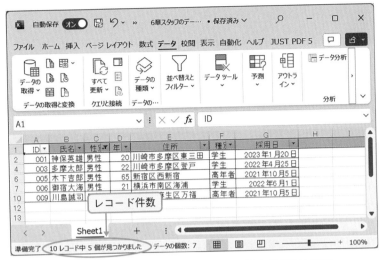

図 6.37 オートフィルタの例（性別＝男性を選択後の結果）

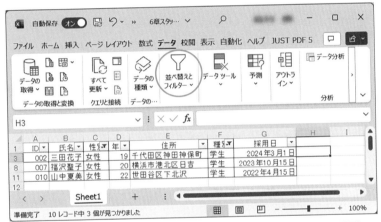

図 6.38 オートフィルタの例（性別＝女性，種別＝学生を選択後の結果）

複数の項目（フィールド）で条件を指定して同時にそれらの条件を満たすレコードを抽出する場合には，操作 6.12 で示した操作を各フィールドで行えばよい．

オートフィルタのオプション機能では，大小関係など詳細な条件を指定することができる．

操作 6.13：オートフィルタにおける複数条件の指定

① 表中の任意のセルを選択する．

② ［データ］タブ→［並べ替えとフィルタ］グループの［フィルタ］を選択する．

③ 各項目で ☑ ボタンから条件を選択する．たとえば，性別＝女性，種別＝学生を選択すると図 6.38 のようになる．

オートフィルタのオプション機能では，大小関係など詳細な条件を指定することができる．

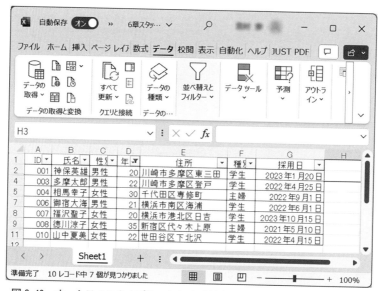

図 6.39 オートフィルタオプションの設定（20 ≦年齢＜ 40 の設定）

図 6.40 オートフィルタオプションによる抽出の例（20 ≦年齢＜ 40 の結果）

操作 6.14：オートフィルタのオプション機能
① 表中の任意のセルを選択する．
② ［データ］タブ→［並べ替えとフィルタ］→［フィルタ］を選択する．
③ たとえば，年齢が 20 歳以上かつ 40 歳未満のスタッフを抽出したい場合は，年齢のフ
ィールドで ▽ ボタンから［数値フィルタ］→［ユーザー設定フィルタ］を選択する．
④ すると図 6.39 のような「オートフィルタオプション」ダイアログボックスが表示
されるので，「20 以上，AND（A），40 より小さい」を設定する．
⑤ ［OK］ボタンをクリックすると，その結果は図 6.40 のようになる．

操作 6.15：オートフィルタのトップテン機能
たとえば年齢の高い順に上位から 5 位までを抽出したいといった場合には，▽ ボタン
から［数値フィルタ］→「トップテン」を選択して，上位または下位と何位までを表示
したいかを指定する．

問題6.7

オートフィルタを使用して，性別が女性，年齢が20歳以上かつ40歳未満のスタッフを抽出してみよう．

6.2.4 並べ替え

表のレコードを数値の小さい順，年月日順などで並べ替え（整列）を行うことができる．

操作 6.16：レコードの並べ替えの基本操作
① 並べ替えの基準とするフィールド名（項目）を選択する．
② ［データ］タブ→［並べ替えとフィルタ］グループの［昇順で並べ替え］または［降順で並べ替え］ボタンをクリックする．昇順では数字の小さい方から大きい方，アルファベット，五十音の順に，降順ではこの逆の順で並べ替えられる．漢字については，「ふりがな」により行われる．なお，［ホーム］タブ→［編集］グループの［並べ替えとフィルタ］からも行うことができる．
③ たとえば年齢の若い順に並べ替えたい場合は，フィールド名の「年齢」を選択し，昇順ボタンを押すと，図6.41のようになる．

操作 6.17：複数のフィールド名による並べ替え
① 複数のフィールド名（項目）により並べ替える場合は，まず表内の1つのセルを選択する．
② ［データ］タブ→［並べ替えとフィルタ］グループの［並べ替え］の画面から，まず「最優先されるキー」を設定したのち，「レベルの追加（A）」ボタンをクリックして，「次に優先されるキー」の欄を表示して設定する．

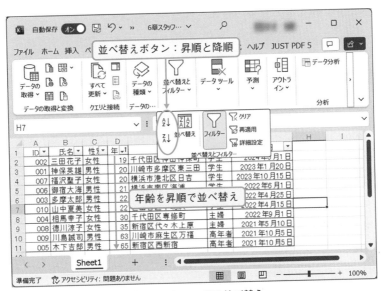

図6.41 レコードの並べ替え

図6.42 レコードの並べ替えの複数条件設定

図6.43 複数条件によるレコードの並べ替え結果

③ たとえば，性別で分け，さらにそれぞれのなかで年齢の若い順に並べるといった場合には，図6.42のように設定し，[OK] ボタンをクリックする．

④ すると図6.43のように並べ替えられる．

6.2.3項で述べたオートフィルタの機能を起動している場合には，見出し行の▽ボタンの「昇順」，「降順」で並べ替えを用いることができる．しかし，操作6.17で述べたような複数のフィールド名（項目）による並べ替えはオートフィルタの機能ではできない．

コラム：Excel は多用途

Excel は表計算ソフトの代表であるが，第5章で述べた計算やグラフ作成，本章で述べたデータ分析やデータベースのほかに，作図や文書の作成も可能であり，ビジネスにおいて非常に便利なソフトである．実際，ワープロを使用せず Excel のみで各種文書を作成している会社もある．見積書，企画書，報告書など表や図を中心とする文書では有効である．たとえば Excel のセルを方眼紙代わりに用いると，チャート図や地図などの図面の作成も容易となる．

章末問題

1. 6.1節の図6.2のお茶飲料の集計結果（ピボットテーブル）から，各店舗の総仕入額を比較するための円グラフを作成してみよう．

2. 表は国内のコンビニエンスストアに関する各年度の店舗数と売上高の統計情報である．これから店舗数と売上高の相関関係を調べるため，回帰直線を作成してみよう．

各年度の店舗数と売上高（百万円）

西暦	12月の店舗数	全店売上高（百万円）
2008	41,714	7,857,071
2009	42,629	7,904,193
2010	43,372	8,017,551
2011	44,397	8,646,927
2012	46,905	9,027,205
2013	49,335	9,388,399
2014	52,034	9,735,214
2015	53,004	10,206,066
2016	53,628	10,507,049
2017	55,322	10,697,520
2018	55,743	10,964,625
2019	55,620	11,160,772

（出典：フランチャイズチェーン統計調査：一般社団法人 日本フランチャイズチェーン協会, http://www.jfa-fc.or.jp/particle/320.html, 2023.11.21）

3. 自分が使用している書籍のデータベースを作成してみよう（10冊以上）．レコードの項目はID（整理番号），書名，著者名，発行年（西暦），形態（所有／借用）とする．次に最優先されるキーを形態，次に優先されるキーを発行年（降順）として並べ替えてみよう．

第7章
プレゼンテーション

　プレゼンテーションは学生にとっても社会人にとってもきわめて重要なスキルの1つである．本章では，プレゼンテーションの重要性と方法について学ぶ．まず，プレゼンテーションにおける効果的な表現方法について説明する．次に，Microsoft PowerPoint を使用してのスライドの作成方法について具体的に学ぶ．最後にアニメーション効果の設定方法と実演方法について学ぶ．

7.1　プレゼンテーションとは

　プレゼンテーションとは，自分の意見や主張，アイデアなどを人前で発表することである．どんなにすばらしいアイデアを思いついても，どんなにすばらしい研究成果を得ても，それを相手にうまく伝達できなければ，それがよいものだとは聴き手に認識されない．すなわち，プレゼンテーションの良し悪しで，そのアイデアや研究成果の良し悪しが判断されたり，印象づけられてしまうことが少なくない．このような理由で，わかりやすく説得力のあるプレゼンテーションのスキルを身につけておくことは大切である．

　プレゼンテーションの場面として，製品発表会，企画会議，シンポジウム，面接，研究発表会，講義などがある．そして，そのプレゼンテーションの目的，聴き手の立場や数，プレゼンテーションの時間などを考慮して，準備を行う必要がある．

　プレゼンテーションでは，限られた時間内で主張や成果を聴き手にわかりやすく説明し，聴き手を説得することが求められる．そのために，言葉だけの説明だけではなく，視覚を通して説明する方法が有効である．それを実現するためのプレゼンテーションのツールとして，電子スライドがよく使用されるようになった．これはパソコンの画面上に表示されるスライドを，プロジェクタを用いてスクリーンに大きく投影して発表を行う方法である．そのスライドを作成したり実演したりするための代表的なソフトウェアとして，PowerPoint がある．本章では，そのプレゼンテーション用ソフトウェアを用いてのスライドの作成方法や実演方法について学ぶ．

7.2　プレゼンテーションにおける情報の表現方法

　プレゼンテーションのためのスライドでは，限られた時間内に効率よく情報を表現する手段として，箇条書きと視覚化がよく用いられる．以下，その利点について説明する．

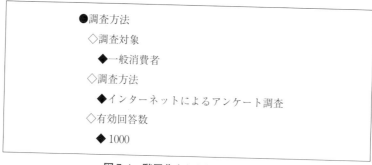

図7.1 階層化された箇条書きの例

図7.2 視覚化の例

(1) 箇条書き

　スライド上に表示するテキスト（文章）は箇条書きで表現することが望ましい．なぜなら，ずらずらと長いテキストをスライド上に表示してしまうと，それを読んでもらうために聴き手に大きな負担をかけることになり，短時間にその内容を理解させるのが困難になるからである．一方，箇条書きの場合は，短いテキストの集まりなので負担なく読むことができ，内容を把握するのも比較的容易になる．特に，図7.1に示すように，インデント（字下げ）を利用して階層化した箇条書きは，説明内容を体系的に理解させるのに効果的である．プレゼンテーションのためのスライドでは，箇条書きを用いるように心がけよう．

(2) 視覚化

　人間は外部の情報の多くを目から取り込んでいるので，視覚的に表現された情報のほうが直感的に把握しやすい．したがって，スライド上の情報を視覚的に表現する方法は，限られた時間内に理解させる方法としてきわめて有効である．

　視覚的に表現する方法として，図形，イラスト，写真，グラフなどがよく用いられる．特に，数値データはグラフを用いて表現し，いろいろな関係はチャートを用いて表現するとよい．たとえば，因果関係や前後関係を表現するときは図7.2に示すように矢印を用いるとわかりやすい．また，強調したい単語は四角形や楕円などで囲み，フォントサイズを大きくするなどの手法がよく用いられる．さらに，内容に関連するイラストや写真などをスライド上に挿入するのも1つの方法である．これにより，説明している内容を聴き手にイメージさせ，楽しく発表を聴いてもらうことにもつながる．このようにスライド上のコンテンツを視覚化し，聴き手になるべくわかりやすく説明しようとする姿勢をもつことが，プレゼンテーションでは重要である．

7.3 コンテンツの入力

　ここから PowerPoint を用いたスライドの作成方法について具体的に学んでいく．スライド作成においては，まず聴き手に示したい情報，すなわちコンテンツをスライドに入力する必要がある．スライド上に表現できる**コンテンツ**の主な種類は，テキストや画像，図形などである．ここでは，これらのコンテンツの入力方法について説明する．

7.3.1 PowerPoint の起動

　下記の操作で PowerPoint を起動させる．

操作 7.1：PowerPoint の起動

① ［スタート］画面上，あるいは，タスクバー上にピン留めされている［Microsoft Office PowerPoint］のアイコンをクリックする．

② 起動すると，図 7.3 に示すような PowerPoint の初期画面が表示される．

③ ［デザイン］タブ→［スライドサイズ］→［標準（4:3）］か［ワイド（16:9）］（本書では，標準を選択した場合で説明する．）

　初期画面はワイド画面（横と縦の比が 16:9）で表示されるが，ユーザの好みに応じて標準サイズ（横と縦の比が 4:3）に変更できる．

　PowerPoint で使用することの多い「ホーム」タブ，「挿入」タブ，「スライドショー」タブを選択してみよう．ツールボタンは機能別にグループに分類されていて探しやすくなっている．図 7.4 に「ホーム」タブが選択されているときのリボンを示す．

7.3.2 箇条書きテキストの入力

　ここでは，スライドにテキストを入力する方法について説明する．特に，インデント（字下げ）を活用した階層化した箇条書きテキストを入力する方法を習得してほしい．

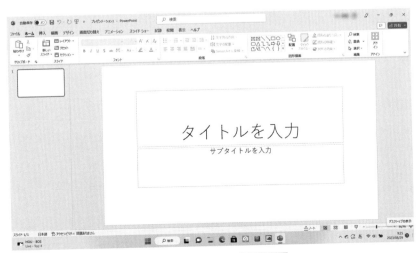

図 7.3　PowerPoint の初期画面

図7.4　［ホーム］タブのリボン

例題7.1

下記の箇条書きテキスト[1]の項目(1)と(2)を入力してみよう．その際，項目(1)はタイトルスライド，項目(2)は箇条書きテキストとして入力してみよう．

(1) タイトル：コンビニエンスストアの深夜営業に関する実態調査
　　報告者：日本フランチャイズチェーン協会

(2) 調査方法
　　◇調査対象
　　　◆一般消費者
　　◇調査方法
　　　◆インターネットによるアンケート調査
　　◇有効回答数
　　　◆1000

(3) 深夜の利用状況
　　◇深夜の定義
　　　◆午後11時～午前5時
　　◇深夜に利用したことがある人
　　　◆約9割
　　◇深夜に「時々以上」利用している人
　　　◆約5割

(4) 深夜営業に対する消費者の意識
　　◇便利だと思うか
　　　◆95％の人が便利と思っている
　　◇防犯に役立つと思うか
　　　◆70％の人が防犯に役立つと思っている

1　㈳日本フランチャイズチェーン協会による「コンビニエンスストア24H営業に関する実態調査」をもとに筆者が作成．

◇「たまり場」になり不安だと思うか

 ◆70％の人が不安だと思っている

◇自動車やバイクなどで近所迷惑だと思うか

 ◆70％の人が近所迷惑だと思っている

(5) 深夜に扱ってほしい商品やサービス

 ◇薬・薬品

 ◇郵便物

 ◇行政サービス

  ◆住民票

  ◆印鑑証明

(6) 深夜営業に対するオーナーの意識

 ◇プラス面

  ◆客のニーズに合い喜ばれている

  ◆売り上げに貢献している

  ◆雇用機会の拡大に貢献している

  ◆防犯に役立っている

 ◇マイナス面

  ◆騒音で近隣に迷惑をかけている

  ◆電気代など資源の無駄遣いである

(7) まとめ

 ◇深夜営業は日常生活に定着している

 ◇消費者の意識

  ◆利便性や防犯の面で肯定的な評価

  ◆たまり場になるなどの否定的な意見

 ◇オーナーの意識

  ◆顧客のニーズに合致

  ◆売り上げに貢献

  ◆騒音などの迷惑への対応が課題

タイトルスライド作成の基本的な操作は以下のとおりである.

操作 7.2：タイトルスライドの作成

 ① ［ホーム］タブ→［スライド］グループの［レイアウト］ボタンをクリックする.

 ② スライドのレイアウト一覧（図 7.5）が表示されるので, 現在表示されているスライドが「タイトルスライド」であることを確認する.

 ③ 「タイトルを入力」と書かれているプレースホルダをクリックし, そこにタイトルを入力する. ここでは, 「コンビニエンスストアの深夜営業に関する実態調査」と

いうテキストを入力する（図7.6）．3行に渡った場合は，フォントサイズを適宜小さくする．

④ 「クリックしてサブタイトルを入力」と書かれているプレースホルダに「日本フランチャイズチェーン協会」と入力する．

次に，第2スライドを作成してみよう．そのために，新しいスライドを表示し，そこに箇条書きテキストを入力する必要がある．その操作方法は以下のとおりである．

操作7.3：新しいスライドの表示と箇条書きテキストの入力

① ［ホーム］タブ→［新しいスライド］の▽ボタンをクリックする．

② スライドのレイアウトが表示されるので，適切なレイアウトを選択する．ここでは，「タイトルとコンテンツ」レイアウトを選択しよう．

③ 「タイトルを入力」と書かれているプレースホルダをクリックし，そのスライドのタイトル「調査方法」を入力する．

図7.5　スライドのレイアウト一覧

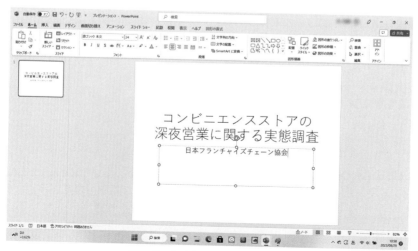

図7.6　タイトルスライドの作成

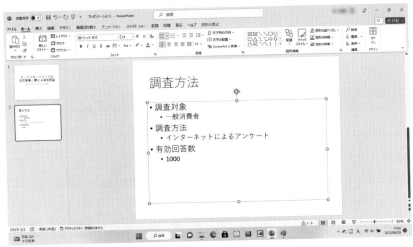

図 7.7　箇条書きテキスト

④ 「テキストを入力」と書かれているプレースホルダをクリックし，テキストを入力する．ここでは，「調査対象」というテキストを入力する．その際，テキストの文頭には箇条書きの行頭文字「・」が表示されている．この行頭文字は［段落］グループの［箇条書き］ボタンにより，変更できる．

⑤ テキストの入力後，［Enter］キーを押すと，改行後，次の箇条書きテキストの文頭に行頭文字「・」が出現する．

⑥ ［段落］グループの［インデントを増やす］ボタンをクリックするかキーボードの［Tab］キーを押し，インデントのレベルを1つ増やす．すると，書き出しの位置が第2レベルになるとともに箇条書きのフォントサイズも小さくなる．ここで，次のテキスト「一般消費者」を入力する．

⑦ テキストの入力後，［Enter］キーを押すと，改行後，テキスト文頭に次の箇条書きの行頭文字「・」が出現する．

⑧ ［段落］グループの［インデントを減らす］ボタンをクリックするか，キーボードの［Shift］＋［Tab］キーを押し，インデントのレベルを1つ減らし，第1レベルに次の箇条書きテキストを入力する．ここでは，「調査方法」と入力する．

⑨ 同様にして，箇条書きのインデントレベルを上げたり下げたりしながら，階層化された箇条書きテキストを入力する．箇条書きテキスト入力後の第2スライドを図7.7に示す．

⑩ 最後に，スライド番号を挿入する．そのために，［挿入］タブ → ［ヘッダーとフッター］ボタンの操作により，［ヘッダーとフッター］ダイアログボックスを表示させる．そして，図7.8のように，［スライド番号］チェックボックスにチェックする．

問題7.1

例題7.1の項目(3)，(4)，(5)，(7)を入力し，図7.9のように作成し，「深夜営業実態調査」というファイル名で保存してみよう．

図7.8 スライド番号の挿入

コラム：スライドマスターの設定

　スライドを作成する前に，スライドマスターをユーザの好みに応じて設定しておくと便利である．スライドマスターは，次のような操作により設定する．[表示]タブ → [スライドマスター]ボタンという操作をすると，図のようなスライドマスターの画面が表示される．左側のレイアウト画面一覧の一番上のマスタースライドにおいて，各レベルに対しフォントの種類やサイズ，箇条書きの行頭文字などをユーザの好みに設定すれば，すべてのレイアウト画面に反映され，いちいち各スライドで設定する必要がなくなる．

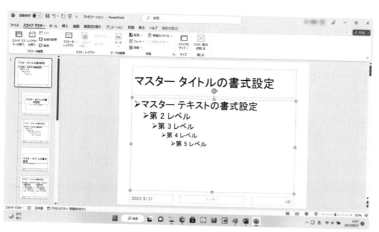

スライドマスターの設定

　PowerPoint にはスライドのデザインが多数用意されているので，好みのデザインをスライドに適用してみよう．

**コンビニエンスストアの
深夜営業に関する実態調査**
日本フランチャイズチェーン協会

1

調査方法

- 調査対象
  - 一般消費者
- 調査方法
  - インターネットによるアンケート
- 有効回答数
  - 1000

2

深夜の利用状況

- 深夜の定義
  - 午後11時～午前5時
- 深夜に利用したことのある割合
  - 約9割
- 深夜に「時々以上」利用している割合
  - 約5割

3

深夜営業に対する消費者の意識

- 便利だと思うか
  - 95%の人が便利と思っている
- 防犯に役立つと思うか
  - 70%の人が防犯に役立つと思っている

- 「たまり場」になり不安だと思うか
  - 70%の人が不安だと思っている
- 自動車やバイクなどで近所迷惑だと思うか
  - 70%の人が近所迷惑だと思っている

4

深夜に扱ってほしい商品やサービス

- 薬・薬品
- 郵便物
- 行政サービス
  - 住民票
  - 印鑑証明

5

まとめ

- 深夜利用は日常生活に定着している
- 消費者の意識
  - 利便性や防犯の面で肯定的な評価
  - たまり場になるなど否定的な意見
- オーナーの意識
  - 顧客のニーズに合致
  - 売り上げに貢献
  - 騒音などの迷惑への対応が課題

6

図7.9　問題7.1の箇条書きスライド

操作7.4：デザインの選択

① ［デザイン］タブ→［テーマ］グループから好みのデザインのテーマを選択する.

② すると，すべてのスライドに選択したデザインが図7.10のように適用される.

　デザインはいつでも変更することができ，特定のスライドだけを別のデザインにすることも可能である. また，配色やフォントなども選択することができる. 自分の好みに合わせて工夫してみよう. ただし，なるべくシンプルで無地に近い背景にしたほうが，よりコンテンツが引き立つであろう. 以下では，デザインを元のプレーンな「Office テーマ」に戻して，説明を進めることにする.

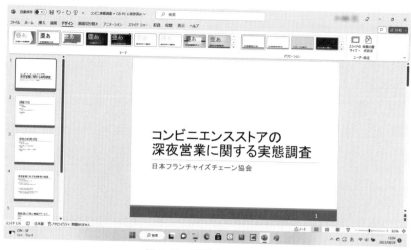

図7.10　デザインの選択

7.3.3　スライドの編集

　ここでは，スライドの編集方法について説明する．スライドの作成では，説明の順番を入れ替えたり，似たようなスライドを何枚か使用したりすることが多いので，以下の編集方法をよく習得しておくと，効率的に作業を進めることができる．

操作7.5：スライドの編集

◆**挿入**：新しいスライドを挿入したい場合は，以下の操作を行う．
　① 左側のスライド一覧において，スライドを挿入したい位置をクリックする．
　② ［ホーム］タブ→［新しいスライド］の ∨ ボタンをクリックする．
　③ 希望のレイアウトを選択する．

◆**削除**：特定のスライドを削除するためには，以下の操作を行う．
　① 左側のスライド一覧において，削除したいスライドを選択する．
　② キーボードの［Del］キーを押す．

◆**コピー**：特定のスライドを別の位置にコピーするためには，以下の操作を行う．
　① 左側のスライド一覧において，複写元のスライドを選択する．
　② ［ホーム］タブ→［コピー］ボタンをクリックする．
　③ 左側のスライド一覧において，複写先をクリックして指定する．
　④ ［ホーム］タブ→［貼り付け］ボタンをクリックする．

◆**移動**：特定のスライドを別の位置に移動するためには，以下の操作を行う．
　① 左側のスライド一覧において，移動したいスライドを選択する．
　② それを移動先にドラッグして移動させる．

◆**レイアウトの変更**：特定のスライドのレイアウトを変更するためには，以下の操作を行う．
　① レイアウトを変更したいスライドを選択する．
　② ［ホーム］タブ→［レイアウト］ボタンをクリックする．
　③ 「スライドのレイアウト」が表示されるので，その中から希望のレイアウトを選択する．

　ファイルの保存や呼び出し方法は，Word など他のアプリケーションと同様である．

7.3.4 視覚化するためのオブジェクトの入力

　スライドの内容を視覚的に表現すると効果的である．そのための手段として，クリップアートや写真などの**オンライン画像**や**図形**などのオブジェクトを用いるとよい．ここでは，それらの挿入方法について学習する．

例題7.2

第3スライドに「夜」というキーワードのついたオンライン画像を挿入してみよう．

　そのための操作方法は以下のとおりである．

操作7.6：オンライン画像の挿入

① ［挿入］タブ→［画像］→［オンライン画像］ボタンをクリックする．すると，図7.11(a)のように，「オンライン画像」ダイアログボックスが表示される．

② オンライン画像を検索するために，検索のテキストボックスにキーワードとなる単

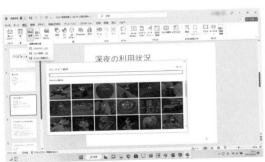

図7.11(a)　キーワードの入力

図7.11(b)　オンライン画像の検索結果

図7.11(c)　オンライン画像の挿入

語を入力する．ここでは「夜」というキーワードを入力し検索してみよう．

③　図7.11(b)の表示されたオンライン画像から適当なオンライン画像を選び，［挿入］ボタンをクリックすると，図7.11(c)のようにオンライン画像がスライド上に挿入される．

④　オンライン画像の位置や大きさをドラッグするなどして調整する．

例題7.3

「深夜利用は定着している」ことを強調するために，第3スライドに図形の角丸四角形を挿入し，その四角形の中に「深夜利用は定着している」という文字列を挿入してみよう．

そのための操作方法は以下のとおりである．

操作7.7：図形の挿入と図形内へのテキストの追加

①　［挿入］タブ→［図］グループの［図形］の▽ボタンをクリックし，［四角形］の中の「角丸四角形」ボタンをクリックする．

②　スライド上でドラッグして，適当な大きさの角丸四角形を描画する．

③　四角形を選択してからショートカットメニューを表示させ，図7.12のように「テキストの編集」を選択する．

④　「深夜利用は定着している」という文字列を入力する．

⑤　フォントサイズを大きくし，さらに角丸四角形を選択して図7.13のように［図形の書式］タブを表示させ，［図形のスタイル］グループのさまざまなボタンを利用して四角形のスタイルを適当に調整する．

複雑な図形を作成するために，2つ以上の図形を**グループ化**して，1つのオブジェクトを作成する方法も有効である．複数のオブジェクトをグループ化すると，1つのオブジェクトとし

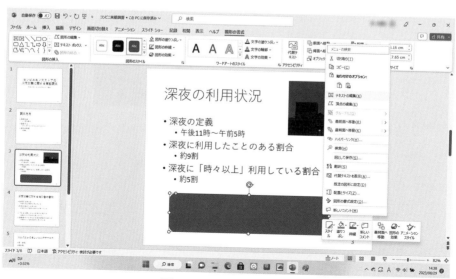

図7.12　角丸四角形の作成

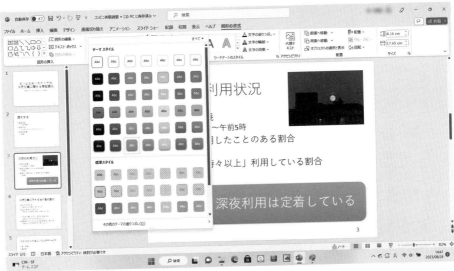

図 7.13　図形スタイルの調整

て移動や拡大，縮小が容易に行えるようになる．次に，そのグループ化の方法について説明する．

例題7.4

図 7.17 のように，第 4 スライドを 2 つの四角形をグループ化したオブジェクトを用いて表現してみよう．

操作 7.8：図形のグループ化

① ［挿入］タブ→［図形］ボタン→［四角形］を選択し，ドラッグして適当な大きさの四角形を描画し，［図形の書式］タブを選択し，「図形の塗りつぶし」の色を赤に設定する．

② その四角形の上で右クリックしてショートカットメニューから［図形の書式設定］を選択するか（図 7.14），［図形の書式］タブの［図形のスタイル］グループの右下にあるダイアログボックス起動ツール $\searrow$ をクリックし，［図形の書式設定］を画面の右側に表示させる．

③ 図 7.15 の［図形の書式設定］で透明度を 60％ に設定し，四角形を透過させる．

④ 四角形をテキストの上に移動し，マイナス面の箇条書きテキストを覆うような大きさに調整する．

⑤ 別の小さな四角形を作成し「マイナス面」というテキストをこの四角形に挿入する．そして，大きな四角形の右上に移動する．

⑥ ［Shift］キーを押しながら大小 2 つの四角形を選択し，［図形の書式］タブ→［配置］グループ→［グループ化］を選択する（図 7.16）．これにより，2 つの四角形がグループ化され，1 つのオブジェクトとして扱えるようになる．

⑦ 「マイナス面」のグループ化したオブジェクトをコピー＆ペーストし，それを用いて，図 7.17 のように青色の「プラス面」を強調するオブジェクトを作成する．

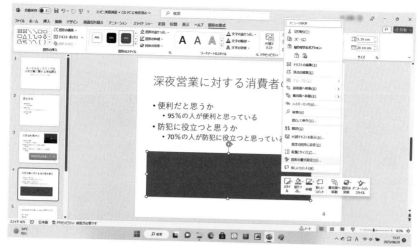

図7.14　四角形の作成と図形の書式設定の選択

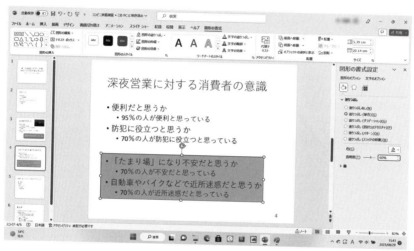

図7.15　図形の透明度の調整

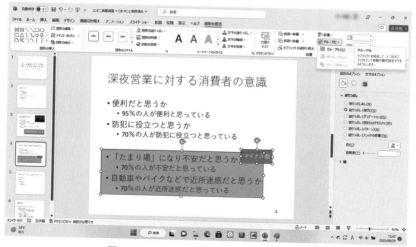

図7.16　2つのオブジェクトのグループ化

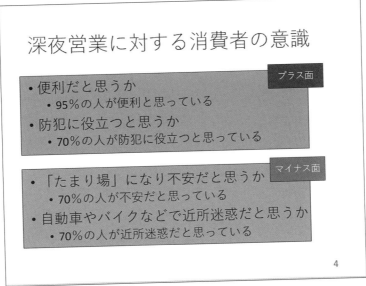

図7.17　グループ化したオブジェクトの利用

図7.18のように，第1スライドに「コンビニ」，第2スライドに「アンケート」，第5スライドに「薬」，「郵便」，「印鑑」，第6スライドに「買い物」，「経営者」のキーワードのクリップアートをそれぞれ挿入してみよう．

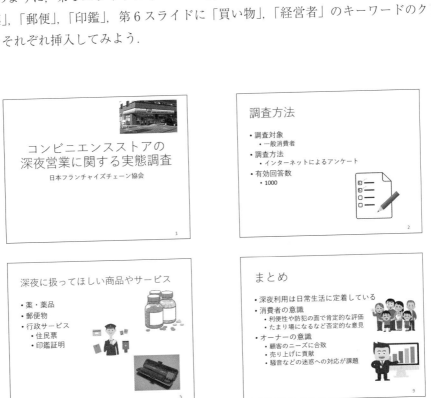

図7.18　各スライドへのクリップアートの挿入

コラム：画像の圧縮とトリミング

　スライド上に写真を貼り付けることも多々ある．この際，写真のデータサイズが大きいため，PowerPoint のファイルサイズも大きくなってしまうときがある．このようなときは，PowerPoint 上で図の圧縮をするとよい．具体的には，対象とする画像を選択して，［図の形式］タブを表示する．そして，［調整］グループの［図の圧縮］ボタンをクリックする．すると，［画像の圧縮］ダイアログボックスが表示されるので，そこで「画面用」の解像度を選択する．また，［図の形式］タブには，不要な部分を取り除くトリミングなど便利な機能が用意されているので，それらを使用するとより効果的な画像を作成できる．詳細は 8.3 節を参照すること．

画像の圧縮とトリミング

7.4　グラフの挿入

　数値的な情報を視覚的に表現するにはグラフが適している．スライド上にグラフを表示する方法として，主に次の 2 つがある．
　◇**方法 1**：PowerPoint 上でグラフを直接作成する．
　◇**方法 2**：Excel でグラフを作成し，それを PowerPoint のスライド上に貼り付ける．
　ここでは前者の方法を用いて，グラフを挿入する方法について説明する．下記の例題を題材とする．

例題7.5

　表 7.1 に示すコンビニの深夜の利用状況のデータから，100％積み上げ横棒グラフを第 2 スライドと第 3 スライドの間に作成しよう．

表7.1 コンビニの深夜の利用状況（文献 [1] より）

利用状況	たびたび利用している	よく利用している	時々利用している	何度か利用したことがある	利用したことがある	利用したことがない
大都市以外の居住者	0.077	0.068	0.268	0.251	0.221	0.114
大都市の居住者	0.145	0.082	0.299	0.180	0.219	0.074

操作 7.9：グラフの挿入

① 左側のスライド一覧において，第2スライドと第3スライドの間をクリックして新しいスライドの挿入位置を指定してから，［ホーム］タブ→［新しいスライド］ボタン→［タイトルとコンテンツ］の操作により，新しいスライドを第3スライドとして挿入する．

② スライドの中にあるコンテンツを示す6つのアイコンから［グラフの挿入］アイコンをクリックすると，図7.19のような［グラフの挿入］ダイアログボックスが開く．

③ そこで，横棒グラフの中から［100%積み上げ横棒］を選択し，［OK］ボタンをクリックする．

④ すると図7.20のように，PowerPoint上に埋め込まれたExcelワークシートが表示されるので，例示を参照して表7.1のデータを入力する．そして，図7.21のように，数値データの範囲をB2からG3までに変更する．

⑤ Excelを閉じた後，PowerPoint上のグラフオブジェクトを選択し，図7.22のように，グラフ要素の調整や書式の調整を行い，スライドのタイトルとして「深夜の利用状況」を入力する．

図7.19 グラフの挿入

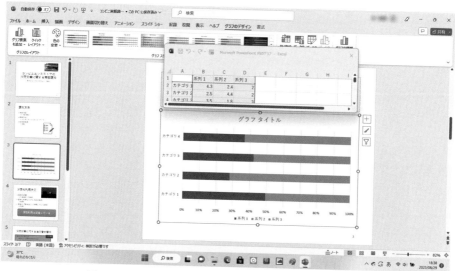

図7.20 PowerPoint上に埋め込まれたExcelワークシート

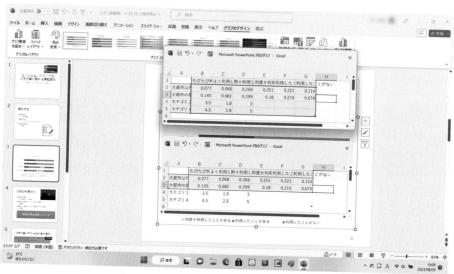

図7.21 Excelワークシートへのデータ入力

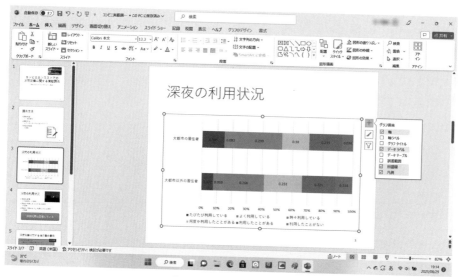

図7.22 グラフの調整

7.5 表の挿入

スライド上に表を作成することもできる．ここでは表を挿入する方法について説明する．下記の例題を題材とする．

例題7.6

表7.2に示す深夜に扱ってほしい商品やサービスに関するデータを，第6スライドとして図7.24のように作成しよう．

表7.2 深夜に扱ってほしい商品やサービス

項目	大都市以外の居住者	大都市の居住者
薬・薬品	67.7%	70.1%
郵便物の取扱い	43.1%	52.2%
行政サービス	46.1%	51.5%
酒類	27.7%	39.6%
クリーニングの取次ぎ	18.0%	21.2%
CD，DVD，ビデオレンタル	29.2%	33.3%
飲食できる空間	23.0%	21.2%

操作7.10：表の挿入

① 左側のスライド一覧において，第5スライドと第6スライドの間をクリックして新しいスライドの挿入位置を指定してから，［ホーム］タブ→［新しいスライド］ボタン→［タイトルとコンテンツ］の操作により，新しいスライドを第6スライドとして挿入する．

② スライドの中にあるコンテンツを示す6つのアイコンから［表の挿入］アイコンをクリックすると，図7.23のような［表の挿入］ダイアログボックスが開く．

③ そこに，列数として3を，行数として8を入力し，［OK］ボタンをクリックする．

④ すると，図7.24のように表のコンテンツを入力し，スライドのタイトルを「深夜に扱ってほしい商品やサービス」とする．

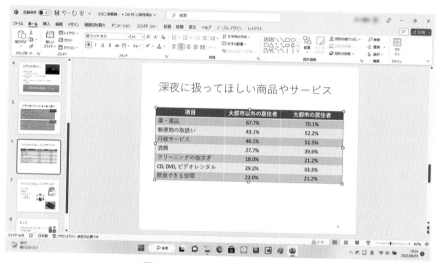

図7.23 表の列数と行数の設定

深夜に扱ってほしい商品やサービス

項目	大都市以外の居住者	大都市の居住者
薬・薬品	67.7%	70.1%
郵便物の取扱い	43.1%	52.2%
行政サービス	46.1%	51.5%
酒類	27.7%	39.6%
クリーニングの取次ぎ	18.0%	21.2%
CD, DVD, ビデオレンタル	29.2%	33.3%
飲食できる空間	23.0%	21.2%

図7.24 表のコンテンツの入力

7.6 SmartArt の挿入

PowerPoint には組織的な図形を簡単に作成できる機能がある．その組織的な図形を SmartArt という．ここでは SmartArt を挿入する方法について説明する．下記の例題を題材とする．

例題7.7

例題 7.1 の項目 (6) を SmartArt の「縦方向リスト」を使用して図 7.27 のように作成してみよう．

操作 7.11：SmartArt の挿入

① 左側のスライド一覧において，第7スライドと第8スライドの間をクリックして新

しいスライドの挿入位置を指定してから，［ホーム］タブ→［新しいスライド］ボタン→［タイトルとコンテンツ］の操作により，新しいスライドを第8スライドとして挿入する．

② スライドの中にあるコンテンツを示す6つのアイコンから［SmartArt の挿入］アイコンをクリックすると，図7.25のような［SmartArt グラフィックの選択］ダイアログボックスが開く．

③ そこから，「リスト」の「縦方向リスト」を選択し，［OK］ボタンをクリックする．

④ 図7.26のような画面からテキストコンテンツを入力する．その際，リストのレベルを適宜調整する．

⑤ コンテンツの入力が終了したら，図7.27のように，［SmartArt ツール］の［デザイン］タブから［色の変更］や［SmartArt のスタイル］を用いて好みのデザインを選択する．

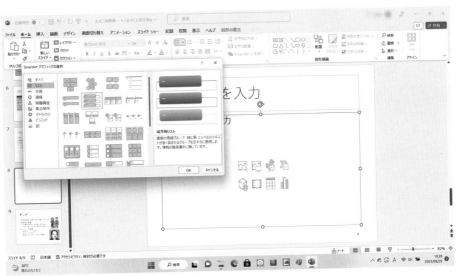

図7.25 SmartArt グラフィックの選択

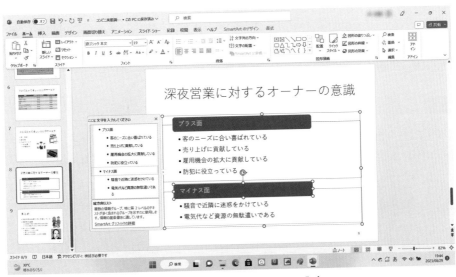

図7.26 SmartArt のコンテンツの入力

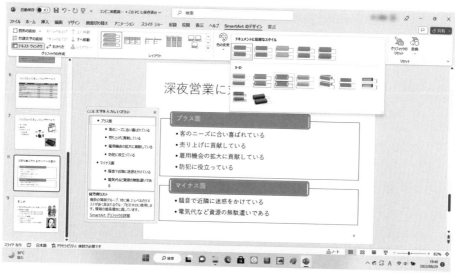

図7.27 SmartArtのデザインの選択

コラム：画面イメージの取り込み

パソコンの画面に表示されているイメージをスライドにそのまま取り込みたいことがある．その手順は以下のとおりである．

① 取り込みたい画面をディスプレイに表示させ，キーボードの［Print Screen］キーを押す．これにより，画面イメージがクリップボードに記憶される．このとき，［Alt］＋［Print Screen］キーを押すと，アクティブなウィンドウのイメージだけがクリップボードに取り込まれる．

② 表示させたいPowerPointのスライドを開き，そこに貼り付ける．

7.7　アニメーション効果の設定

スライド上のオブジェクトにアニメーション効果を設定することにより，動きのある表現が可能となり，聴き手にインパクトを与えることができる．しかし，アニメーション効果をつけすぎると聴き手にとってかえってうるさくなるので，効果のつけすぎには注意する必要がある．例として，下記の例題を考える．

例題7.8

第2スライドの各箇条書きテキストに「スライドイン（右から）」効果を，クリップアートに「ストレッチ（左から）」効果をそれぞれ設定してみよう．

アニメーション効果をつける手順は以下のとおりである．

操作 7.12：アニメーション効果の設定

① ［アニメーション］タブ→［アニメーションウィンドウ］を選択すると，「アニメーションウィンドウ」が画面右側に表示される．

② 効果をつけたいオブジェクトを選択してから，図 7.28（a）のように，「アニメーション」グループの中の［その他の開始効果］を選択すると，［開始効果の変更］ダイアログボックスが表示される．ここでは，図 7.28（b）のように，テキストオブジェクトに「スライドイン」効果を設定する．

③ 図 7.28（c）のように，効果の方向や速さを設定する．ここでは，「効果のオプション」の方向を「右から」に設定する．

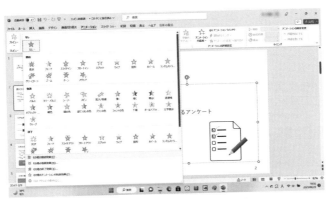

図 7.28（a） その他の開始効果の選択

図 7.28（b） 開始効果の設定

図 7.28（c） 効果の方向の設定

図 7.28 アニメーションの設定

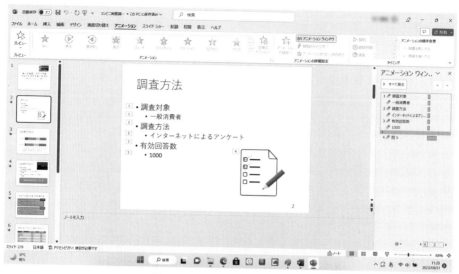

図7.29　アニメーションの順序

④　次に，クリップアートのオブジェクトを選択し，同様な方法でアニメーション効果を設定する．ここでは，［開始効果の変更］ダイアログボックスの中から「ストレッチ」を設定する．

⑤　方向として「左から」を設定する．

⑥　アニメーション効果を設定すると，図7.29のように，スライド上の各オブジェクトにアニメーションの順序を表す数字が表示される．右側の「アニメーションウィンドウ」上で順序を入れ替えることにより，アニメーションの順序を変更できる．

⑦　「アニメーションウィンドウ」の上方にある［すべて再生］ボタンをクリックすると，そのスライドのアニメーション効果を確認することができる．

　その他，［画面切り替え］タブを用いて，画面の切り替え時の効果も設定できる．

問題7.3

すべてのスライドにアニメーション効果を設定してみよう．

コラム：グラフに対するアニメーション効果の設定

　たとえば，複数の棒グラフをアニメーションにより1本ずつ見せたいような場合がある．このときは，棒グラフのオブジェクトのアニメーション効果として，「ストレッチ（方向：左から）」を設定し，下図に示すように「効果のオプション」として，グラフアニメーションを「系列別」か「項目別」か「系列の要素別」か「項目の要素別」のいずれかを選択すればよい．

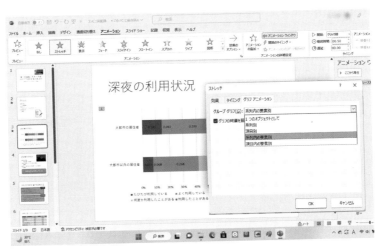

グラフアニメーションの設定

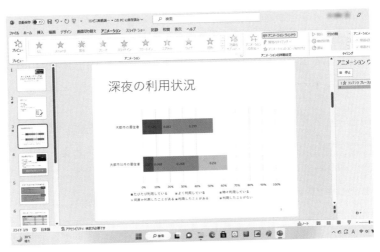

系列別のグラフアニメーション

7.8　スライドの実演

作成したスライドを実演する手順は下記のとおりである．

操作7.13：スライドの実演

　① ［スライドショー］タブ→［最初から］を選択すると，第1スライドからスライド

の実演が始まる.

② キーボードの［Enter］キーを押すかマウスをクリックするごとに,アニメーションやスライドが進行する.

③ 途中で中止したい場合は,［ESC］キーを押すか,ショートカットメニューを出して［スライドショーの終了］を選択する.

PowerPoint には,発表練習のための機能も用意されている.そのうち,便利な機能をいくつか紹介しよう.

(1) リハーサル機能

リハーサル機能は,各スライドの所要時間を計測し記録してくれる機能であり,発表時間の調整を行うのに役に立つ.また,その所要時間を保存しておくと,その保存した所要時間どおりに自動的にスライドを進めてくれる.

操作 7.14：リハーサル機能

① ［スライドショー］タブ→［リハーサル］を選択すると,リハーサルが始まる.その際,画面上に図7.30(a) のような記録中バーが表示され,そのスライドの実演時間や第1スライドからの経過時間を見ることができる.

② 最後のスライドが終了すると,図7.30(b) のようなダイアログボックスが表示され,スライドショーの所要時間を表示してくれる.ここで,［はい（Y）］ボタンをクリックすると,所要時間が保存される.そして,図7.31 のような画面一覧が表示され,各スライドの下に各スライド毎の所要時間が表示される.

リハーサル機能で保存した所要時間は,スライドショーの実行時にそのまま用いられるため,発表者がクリックしていないのに自動的にスライドがどんどん進んでしまうことが起こる.これを回避するためには,保存した所要時間をリセットする必要がある.そのためには,図7.32 のように,［スライドショー］タブの［設定］グループの［タイミングを使用］のチェックをはずさなければならない.

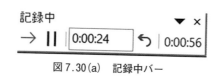

図 7.30(a)　記録中バー

図 7.30(b)　所要時間を表示するダイアログボックス

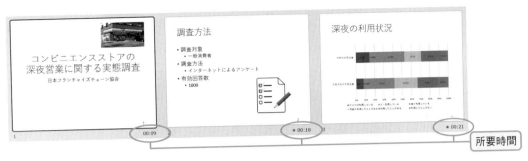

図7.31　各スライドの所要時間を示すスライド一覧

図7.32　リハーサルのタイミングのはずし方

問題7.4

作成したスライドで口頭発表の練習を行い，所要時間を計測してみよう．

(2) ノート機能

ノート機能は，口頭発表用の原稿をスライドごとに作成したり，そのスライドにおける注意点を書き留めたりするのに用いる．この機能により，記述した内容を見ながら発表の練習を行うことができる．

操作7.15：ノートの記述
① ［表示］タブの［表示］グループの［ノート］ボタンをクリックするか，画面下にある［ステータス］バーの中の［ノート］をクリックする．
② すると，図7.33のように画面下にノート領域が表示されるので，そこにノートを記述する．

実際の発表の際にも，発表者ツールを使用すると，このノートを見ながら発表することができる．

操作7.16：発表者ツールの使用
① ［スライドショー］タブの［モニター］グループの［発表者ツールを使用する］にチェックし，［モニター］として自動を選択する．
② ［最初から］をクリックすると，自動的に図7.34のような画面になり，ノートの内容が画面右下に表示されるので，それを見ながら発表できる．この際，次のスライドも画面右上に表示される．外部モニターに接続されていないときは，［Alt］＋［F5］でこの画面を表示できる．

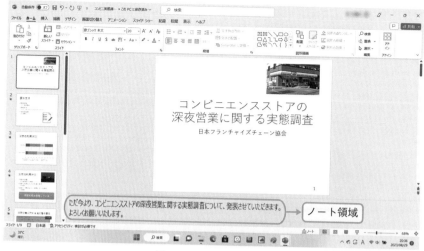

図7.33 ノート機能

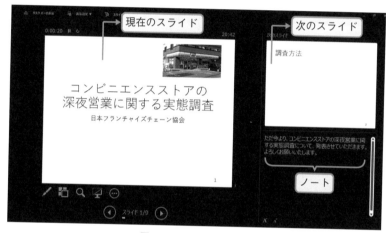

図7.34 発表者ツール

(3) 印刷機能

スライドを印刷する機能である。印刷モードとして以下の4種類がある。

① フルページ印刷：図7.35のように，1ページに1スライドを印刷するモードである。

② **配布資料**：図7.36のように，1ページに複数スライドを配布資料として印刷するモードである。1ページに2スライドから9スライドまでを選択することができる。

③ ノート：図7.37のように，スライドとノートをペアにして印刷するモードである。

④ アウトライン表示：図7.38のように，スライドの内容のテキスト部分だけを抜き出したアウトラインだけを印刷するモードである。

操作7.17：スライドの印刷

① ［ファイル］タブ→［印刷］を選択し，図7.39の印刷画面を表示する。

② 「設定」の中から［フルページサイズのスライド］の脇の ∨ ボタンをクリックすると，図7.40の［印刷レイアウト］の選択画面が表示されるので，印刷モードを選択する。ここでは，「6スライド（縦）」を選択する。

③ 印刷するスライドと印刷の向きを指定し，右側のプレビューで印刷イメージを確認し，問題なければ［印刷］ボタンをクリックする。

図7.35 フルページ印刷

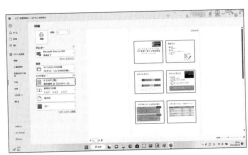

図7.36 配布資料印刷

図7.37 ノート印刷

図7.38 アウトライン印刷

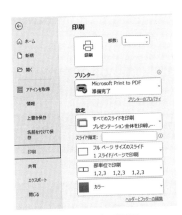

図7.39 印刷画面

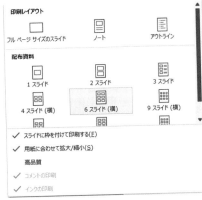

図7.40 印刷レイアウトの選択

問題7.5

作成したスライドを，配布資料モードとアウトライン表示モードで印刷してみよう．

コラム：蛍光ペン

　実演中にスライド上の注目してほしい場所を示すのに蛍光ペン機能を使うと効果的である．そのために，実演前にスライド左下の蛍光ペンメニューを選択しておき，実演中に蛍光ペンを使用するとよい．

　具体的には，

① 　スライドショーにする．

② 　マウスを動かすとスライドの左下にアイコンが表示されるので，蛍光ペンを選択する．

③ 　実演中にドラッグすることにより蛍光ペンでマークできる．

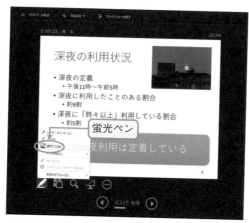

蛍光ペンの選択

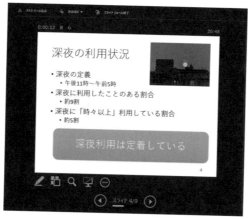

蛍光ペンを使用したスライド

章末問題

1. 下記の新聞記事を箇条書きで表してみよう.

　春から夏にはイチゴにスイカにメロン，秋になればブドウ，柿．冬にはリンゴとミカン．日本では四季折々の果物が楽しめます．しかし，日本人はあまり果物を食べていません．厚生労働省の国民健康・栄養調査の最新結果では，20 歳以上の 38% は，果物の 1 日摂取量が 0 グラムです．若い世代ほどその割合が高く，20 代は 61%，30 代 55%，40 代 53% となっています．この調査は，ある 1 日の食事内容を調べるので，1 年を通してまったく食べない人の割合とは言えませんが，果物を食べる習慣のない人が相当数いることを示しています．ただ，果物は野菜と同じように生活習慣病のリスクを減らし，健康維持に大きな役割を果たしています．

　厚労省は今年，2024 年から開始する「健康日本 21（第三次）」で，果物摂取量の目標値を 1 日 200 グラムと定めました．健康日本 21 は，生活習慣の改善など健康づくりの各種指標を定めたもの．食生活に関して品目別に挙げられているのは，果物のほか，野菜と食塩の摂取量のみです．「疾患予防に寄与する科学的根拠がそろっている項目を，指標に設定した」と担当者は話します．果物摂取量が 1 日 200 グラムまでは高血圧や 2 型糖尿病などの発症リスクを下げるという研究論文などから目標値に決めたそうです．摂取量は減少気味で，最新データは 20 歳以上の平均値が 99 グラム，これを倍増させるという高い目標です．

　この現状に，女子栄養大学の林芙美准教授は「果物を『水菓子』と呼ぶように，日本ではデザートや間食に位置づけられていて，食事の一部という捉え方が薄い」と指摘します．野菜の摂取については啓発キャンペーンが多彩に行われてきたのに比べ，果物は少なく，情報提供が乏しかったことも影響していると言います．また，果物は甘いから太る，という誤解を抱いている人も多いようです．「食べる習慣のない人は，一度に 200 グラムを目指さなくても，1 日 1 回でも果物を食事に取り入れて欲しい」と林准教授は話しています．

　一方で食卓に果物を増やすには費用がかかります．課題の解決は簡単ではありません．第一歩として，中食や外食での環境が整うと効果的ではと感じました．コンビニや学食・社食などで，すぐに食べられる小分けの果物が，手頃な価格で並んでいたら，手に取る機会を増やせるのではないでしょうか．

（朝日新聞 2023 年 10 月 7 日朝刊記事「果物摂取，国の目標 1 日 200 グラム」より引用）

---

2. 視覚化に心がけ，前記の新聞記事を説明するスライドを作成してみよう.

参考文献

[1] （社）日本フランチャイズチェーン協会委託調査（調査実施：三菱総合研究所）：コンビニエンスストアの 24 時間（深夜販売）営業および年中無休営業に関する実態調査（関係分抜粋），⟨https://www.wam.go.jp/ wamappl/bb13gs40.nsf/0/49256fe9001ac4c749256dbf0008b87a/$FILE/chousa.pdf⟩，2023.11.12 参照.

[2] 魚田勝臣他，『グループワークによる情報リテラシ─情報の収集・分析から，論理的思考，課題解決，情報の表現まで』第 2 版，共立出版，2019.

第8章
Webページの作成と公開

　本章では，第3章で学んだWebページを実際に自分で作成するために必要な基礎知識について学ぶ．さらに，Webオーサリングソフト（Googleサイト）を利用したWebページの作成方法とWebページに載せる画像の編集方法を学ぶ．さらに，コンビニエンスストアのWebサイト制作を例に，1冊の本のように複数のWebページからなるWebサイトの制作方法と，その公開方法についても学ぶ．

8.1　Webページの作成

8.1.1　HTML文書の作成

　ここではまず，「メモ帳」などのテキストエディタでHTML文書ファイルを作成する．テキストエディタであれば「メモ帳」以外でも作成することができる．Wordなどのワープロソフトを用いる場合は，保存時にテキストファイルとして保存する必要がある．

　HTML文書の拡張子は“.html”か“.htm”である．また，Webページで作成するHTML文書や画像ファイルのファイル名は，以下の点に注意してつける必要がある．

- ・基本的に半角英数字を用いる．
- ・記号も使用できるが，使用可能な記号はハイフン（−），アンダーバー（_）程度である．
- ・空白文字を含んだファイル名は使用しない．
- ・大文字，小文字を区別する．

　Windows環境でファイルを作成しているときは“test.html”も“TEST.html”も同じファイルとみなされるが，UNIX環境のサーバなどにアップロードすると別のファイルとして扱われることがあるので注意が必要である．

8.1.2　タグ

　HTMLでは，文書の構造を表現するのにタグを利用する．タグとは文書の構造を記述するもので，<タグ>のような形式をしており，開始タグと終了タグの間に内容を記述し，

　　　　<タグ>〜</タグ>

のように囲んで使用する．

　HTML文書の基本的な構造を記述するタグとして，以下のようなものがある．

- ・html要素のタグ：<HTML>〜</HTML>
- ・head要素のタグ：<HEAD>〜</HEAD>

・title 要素（HTML 文書のタイトル）のタグ：<TITLE>～</TITLE>
・body 要素のタグ：<BODY>～</BODY>

操作 8.1：簡単な HTML 文書の作成

① スタートボタン→スタートメニュー→ Windows アクセサリ→［メモ帳］を選択し，「メモ帳」を起動する．

② 図 8.1 に書かれている HTML 文書をメモ帳で作成する．

③ 作成したファイルを保存する．その際に，［ファイルの種類（T）］（図 8.2）は，「テキスト文書（＊.txt)」ではなく「すべてのファイル」にし，ファイル名の拡張子として".html"か".htm"をつける．ファイル名をつける際は，8.1.1 項で書かれている点に注意すること．

④ ブラウザ（Internet Explorer など）を起動する．

⑤ メニューバーから［ファイル（F)］→［開く（O)］を選択する．

⑥ 先ほど作成したファイルを選択する（図 8.3）．

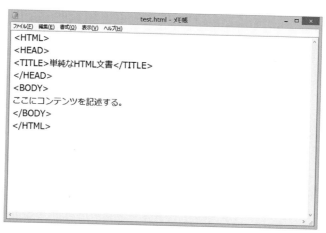

図 8.1　単純な HTML 文書

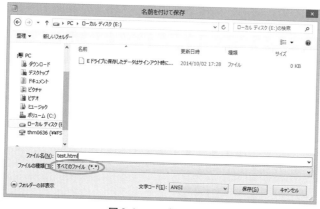

図 8.2　メモ帳の保存

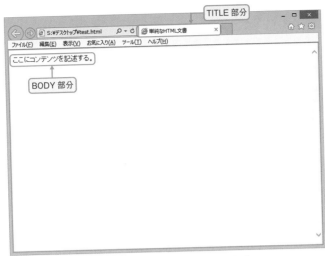

図8.3 ブラウザで見たHTML文書

8.1.3 見出しと段落

HTML文書の本文に見出しをつけたり，段落を指定するときには，以下のタグを使用する．

・見出しのタグ：<H1>〜</H1>

HはHeadings（見出し）の略で，<H1><H2><H3><H4><H5><H6>の6階層がある．

数字が小さいものほど見出しサイズが大きい．

・段落のタグ：<P>〜</P>　段落を示す．PはParagraph（段落）の略である．

・改行のタグ：
　改行したい位置におくと改行を示す．囲まずに単一で使用する．

操作8.2：文書の構造を記述したHTML文書の作成

① 「メモ帳」を起動する．

② 図8.4に書かれているHTML文書を「メモ帳」で作成する．

③ 「Self.html」という名前でHTML文書として保存する．

④ ブラウザを起動し，保存したHTML文書を閲覧する．

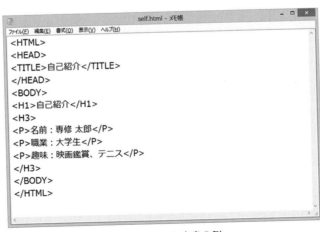

図8.4 HTML文書の例

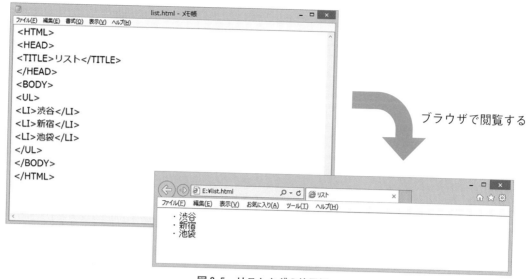

図8.5 リストタグの使用例

問題8.1

自己紹介のWebページを「メモ帳」で作成してみよう.

8.1.4 リスト

HTML文書では，箇条書きやナンバリングをすることが可能である.「箇条書き」形式で表示させるためには，リストと呼ばれるタグを使用する.

・並列リストのタグ：<UL>～</UL>　並列リスト（記号による箇条書き）
・順列リストのタグ：<OL>～</OL>　順列リスト（ナンバリングされる箇条書き）
・リストのタグ：<LI>～</LI>　リストの各項目を囲み，UL要素もしくはOL要素で囲んだ中にいれる.

操作8.3：リスト構造をもつHTML文書の作成
① 「メモ帳」を起動する.
② 図8.5に書かれているリストタグを使用したHTML文書を「メモ帳」で作成する.ここではUL要素（並列リスト）で作成する.
③ 「list.html」という名前でHTML文書として保存する.
④ ブラウザを起動し，保存した「list.html」を閲覧する.

問題8.2

コンビニエンスストアでよく買う物のリストをHTMLで作成してみよう.

図 8.6　リンクタグの使用例

8.1.5　リンク

　Web ページの特徴の 1 つであるリンクは，HTML 文書においては，<A>タグを利用することで実現できる．<A>タグの A は Anchor（錨）の意味である．<A>〜</A>に囲まれた部分がリンクと呼ばれる他のファイル（テキストファイルや画像ファイルなど）や Web ページへの関連づけがされた部分となる．

　リンク先は開始タグの中に，HREF 属性として指定する．HREF 属性に限らず，属性として指定される値（属性値）は多くの場合「属性名＝ "属性値"」という形式で記述される．

　たとえば，「リスト」というテキストをクリックすると，先ほど作成した "list.html" というファイルにリンクさせたい場合は，<A>タグの HREF 属性に "list.html" を指定すればよく，

> <A HREF="list.html">リスト</A>

と記述すればよい．また，「首相官邸」というテキストをクリックすると首相官邸（https://www.kantei.go.jp）の Web ページにリンクするようにしたい場合は，

> <A HREF="https://www.kantei.go.jp">首相官邸</A>

と記述すればよい．

操作 8.4：リンク構造をもつ HTML 文書の作成

①　「メモ帳」を起動する．

②　図 8.6 に書かれているリンクタグを使用した HTML 文書を「メモ帳」で作成する．

③　HTML 文書として保存する．

④　ブラウザを起動し，保存した HTML 文書を閲覧する．

問題8.3

自分がよく見る Web ページをまとめたリンク集を HTML 文書として作成してみよう．

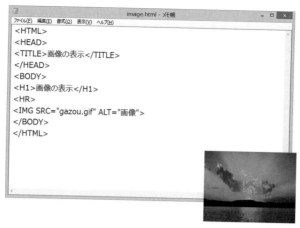

gazou.gif

図 8.7　＜IMG＞タグの使用例

8.1.6　画像の挿入

　WWW の特徴の１つは，文書と同時に静止画や動画，音声などのマルチメディア情報を扱えることである．ここでは，HTML 文書の中に画像を埋め込む方法について学ぶ．

　HTML ファイルに画像を挿入するときは，＜IMG＞タグを用いる．＜IMG＞タグは SRC 属性で画像のファイル名か URL を指定し，ALT 属性でその画像の説明を行う．ALT 属性は記述しなくても問題ないが，画像を表示できないブラウザのことも考え，記述しておこう．

・画像挿入のタグ：＜IMG＞〜＜/IMG＞

（属性）SRC="**URL**"：画像のファイル名か，画像の URL を指定する．

　　　　ALT="**表示するテキスト**"：画像の代わりに表示するテキストを記述する．

操作 8.5：画像を表示する HTML 文書の作成

① 画像ファイル（図 8.7 の例では「gazou.gif」）を HTML 文書保存フォルダと同じフォルダに準備する．

② 「メモ帳」を起動する．

③ 図 8.7 に書かれている画像を表示する HTML 文書を「メモ帳」で作成する．

④ HTML 文書として保存する．

⑤ ブラウザを起動し，保存した HTML 文書を閲覧する．

問題8.4

デジタルカメラやスマートフォンなどで撮った写真を表示する HTML 文書を作成してみよう．

8.1.7　スタイルシート

　HTML は効率的に情報交換を行えるよう，文書の「構造」を記述することを目的にしているため，文字の色や形などのスタイルに関する情報が混ざってくると，せっかくの情報が不明確になってしまうという問題がある．

　HTMLで記載されたWebページのスタイルを効率的に定義するためには，スタイルシート（CSS：Cascading Style Sheets）を利用すればよい．HTMLで文書の構造を定義し，スタイルシートでスタイルを定義することにより，「構造」と「表現」を分離することが可能となる．

　また，いったん定義したスタイルは複数の文書で共有できるので，全体のデザインに一貫性を持たせることができるだけでなく，メンテナンスも容易になる．

8.2　Webサイト

　通常，WWW上にあるWebページは単体で存在していることは少なく，ほとんどの場合は，複数のWebページから成り立つWebサイトを構成している．そこでここでは，Webサイト作成の手順や，Webオーサリングソフト（ホームページ・ビルダー）を利用した作成方法，および公開方法をコンビニエンスストアのWebサイト制作を例にとって行う．

8.2.1　Webサイト制作の手順

　Webサイトは通常，プランニング，ページデザイン，資料・情報の収集および素材の作成，オーサリングというプロセスを経て作成される（図8.8）．

図8.8　Webサイト制作の流れ

8.2.2　プランニング

　Webサイトをデザインし，コンピュータを利用して制作する前に，Webサイトの内容（コンテンツ）を検討する必要がある．

　どんなWebサイトを制作するか考えるとき，なぜそのWebサイトをつくるのか（テーマの明確化），誰に対して何を表現するのか，期待される効果は何かということをしっかり考えることが重要である．それをはっきりさせることをコンセプトメーキングといい，通常はコンセプトシート（図8.9）を作成する．

　このコンセプトシートでは，以下に示す点について検討する．

　・Webサイトのテーマ
　・目的
　・発信者および対象者

```
┌─────────────────────────────────┐
│           コンセプトシート           │
│                                 │
│   テーマ：                        │
│        コンビニエンスストア           │
│   伝達の目的：                      │
│        店舗の紹介                   │
│   発信者：                        │
│        OXコンビニエンスストア         │
│   対象者：                        │
│        近隣で働いている人や住人        │
│   伝達内容：                       │
│        取扱商品、営業時間、場所など     │
│   期待される効果：                   │
│        集客効果が期待される           │
│                                 │
└─────────────────────────────────┘
```

図8.9 コンセプトシート（コンビニエンスストアの紹介）

・内容

・期待される効果

　コンセプトシートができたら，次は役割の分担と制作スケジュールを決定する．Webサイトの公開日を決め，それに合わせてスケジュールを考える．

問題8.5

(1) 実際のコンビニエンスストアのWebサイトをいくつか訪問し，どのような情報が掲載されているか調べてみよう．また，サイトごとの違いについて分析してみよう．

(2) コンビニエンスストアの店長になったつもりで，お店のWebサイトのコンセプトシートを作成してみよう．

8.2.3　ページデザイン

　プランニングによってある程度構想がまとまったら，どのようなWebサイトにするかデザインする．

①　Webサイトの構成の決定

　最初に，Webサイト全体の構成を決める必要がある．Webページには，表紙や目次の役割をもつトップページが最初にあり，その中のリンクをたどる（クリックする）ことで利用者が見たいページに行くことができるようになっている．Webページ群は原則として木構造となるようにするとよい（図8.10）．作成したWebページ群は大項目（その「根（root）」に相当する部分がトップページ）から小項目（それぞれの内容のWebページ）へとリンクし，Webページ群の結びつきが木構造となるようにする．こうすれば訪問者が迷わずにWebページを利用することが容易になる．

　また，訪問者が見たいWebページに1～2回のクリックで行けるようにWebサイトを構成するとよい．

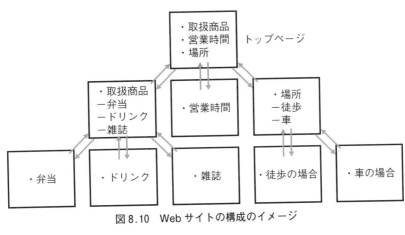

図 8.10　Web サイトの構成のイメージ

図 8.11　絵コンテ

② **絵コンテの作成**

　制作する Web サイトのイメージを具体化するために Web ページごとの絵コンテ（図 8.11）を作成するとよい（手書きでも問題ない）．絵コンテは，訪問者の立場にたって見やすさや操作性を考慮しながら，Web サイト全体のレイアウトも重視して，デザインを考える必要がある．文章や写真，イラストの配置，イメージもこの時点で描いておくと，あとから素材を作るときに便利である．

　Web ページの構成が決まり，絵コンテもできたら，実際にデザインを行う．ここでは，Web ページ全体に共通の印象をもたせるためのデザイン上の工夫や，表現要素のレイアウト，リンクなど，構想を具体化していく．

問題8.6

(1)　実際のコンビニエンスストアの Web サイトをいくつか訪問し，デザイン上どのような工夫をしているのか見てみよう．

(2)　問題 8.5 で作成したコンセプトシートに従い，図 8.12 を利用して，HTML を気にせず各 Web ページの絵コンテを作成してみよう．

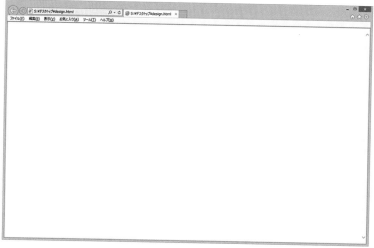

図8.12 デザイン用の画面テンプレート

8.2.4 資料・情報の収集および素材の作成

コンセプトシートと，各Webページの絵コンテに基づいたWebサイトのコンテンツ（内容）を制作するために必要な資料の収集と作成を行う．ただし，WWWや書籍で収集した情報をWebページに載せるときには，著作権について十分注意する必要がある．基本的に，文章，写真，動画像などを作者や管理者，出版元に無断で利用することはできない．これらの情報を利用する場合には，著作権者に許可を得る必要がある．

8.2.5 オーサリング

文字や画像，音声，動画といったデータをWebサイトのイメージや絵コンテに基づいて編集・統合してまとめ，Webサイトを制作する．後述するWebオーサリングソフトを用いると作業を容易に行える．

Webサイトが完成したら，各Webページが思ったとおりに表示されているか確認することが大切である．その際のチェックポイントは以下の4点である．

・誤字・脱字
  公開する前に一読して確認する．
・リンク
  作成したすべてのリンクが正しく表示されているか確認する．
・画像
  利用した画像がすべて表示されているか確認する．
・ブラウザ
  複数のブラウザで確認作業を行う必要がある．というのは，ブラウザによって正しく閲覧できない場合もあるからである．

コラム：好まれない Web ページ

　Web ページを閲覧していると，「見にくいなあ」と思ったり，「何が言いたいのだろう」と思ったりする Web ページに出くわすことがある．一般的に好まれない Web ページの特徴は以下のとおりである．これらの特徴をふまえ，みんなに好まれる Web ページを作成したいものである．

　・何を伝えたいかわからない
　　　内容が整理されていなかったり，他者に伝えるべき内容になっていなかったり，信憑性がない
　・見る気がしない
　　　画面いっぱいにテキストが出てきたり，無意味な分割がなされている
　・表示に時間がかかる
　　　容量の非常に大きい映像や画像，音楽などを含んでいる
　・文字化けしていて読めない
　　　適切な文字コードが設定できていない

　このような特徴をもたない Web ページを制作するためには，プランニングやページデザインといった作業をしっかりと行う必要がある．また，完成後の確認作業も非常に重要である．

8.3　素材（画像）の作成

　自分のデジタルカメラやスマートフォンなどで撮った写真を Web ページに載せる場合は，ある程度画像を編集して載せたほうがよい．画像を編集するには Photo や Adobe 社の Photoshop，GIMP などの専用のソフトを利用してもよいが，7 章で紹介した PowerPoint でも基本的な編集作業を行うことができる．
　ここでは，画像編集する際によく行われる，トリミング，サイズ変更，修整（明るさとコントラスト），エフェクト（アート効果），背景の削除を PowerPoint を用いて行う方法を学ぶ．

　操作 8.6：PowerPoint の起動
　① スタートメニューから選択するか，あるいは，タスクバー上にピン留めされている ［PowerPoint］のアイコンをクリックする
　② 画像ファイルを読み込む

8.3.1　トリミング
画像の不要部分の削除や画像の縦横比を変更する機能をトリミングという．

　操作 8.7：マウス操作でトリミング
　① トリミングしたい図を選択し，［図ツール］の［書式］タブを開く．
　② ［トリミング］ボタン をクリックし，トリミングモードにする（図 8.13）．

トリミングボタン

図8.13 トリミング

図8.14 トリミング部分の設定

③ トリミングする部分をドラッグする（図8.14）.

④ トリミングが終わったら［トリミング］ボタンをクリックする.

操作8.8：縦横比を指定してトリミング

① トリミングしたい図を選択し，［図ツール］の［書式］タブを開く.

② ［サイズ］グループの［トリミング］の▼をクリックし，［縦横比］を選択して縦横比を決める（図8.15）.

③ 指定した比率でトリミングが設定される. もう一度［トリミング］をクリックするとそのサイズでトリミングされる.

操作8.9：図形に合わせてトリミング

① トリミングしたい図を選択し，［図ツール］の［書式］タブを開く.

② ［サイズ］グループの［トリミング］の▼をクリックし，［図形に合わせてトリミン

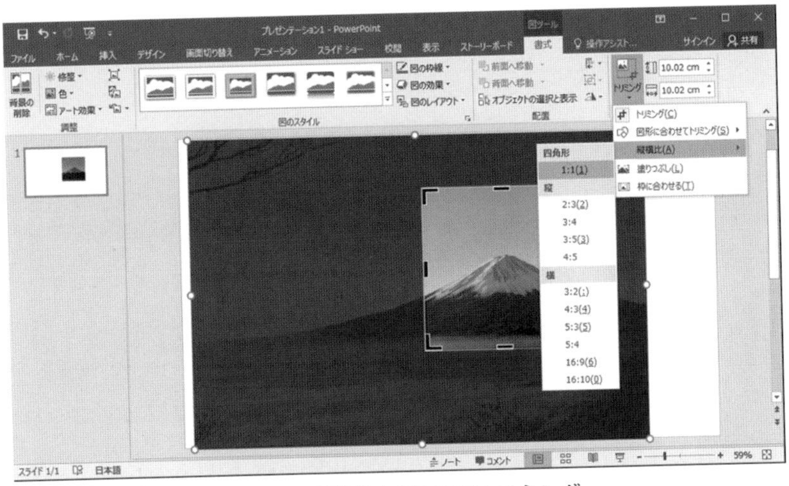

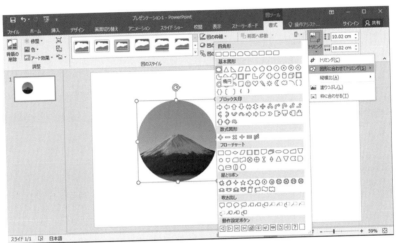

図 8.15　縦横比を指定してトリミング

図 8.16　図形に合わせてトリミング

グ］を選択して，一覧から図形を決める（図 8.16）．

問題8.5

画像を PowerPoint に読み込んで，不要部分をトリミングしてみよう．また，様々な図形に合わせてトリミングしてみよう．

8.3.2　サイズ変更

　サイズ変更は，リサイズともいう．サイズ変更機能を利用すると，自分の好きなサイズに画像を変更できる．Web ページに大きな写真や画像を載せると，データ量が非常に大きいものとなり，Web ページを見る人はページが表示されるまで長い間待たなければならなくなることがある．したがって，精細な画像が必要でない場合は，サイズ変更をして適切なサイズにしておくほうがよい．

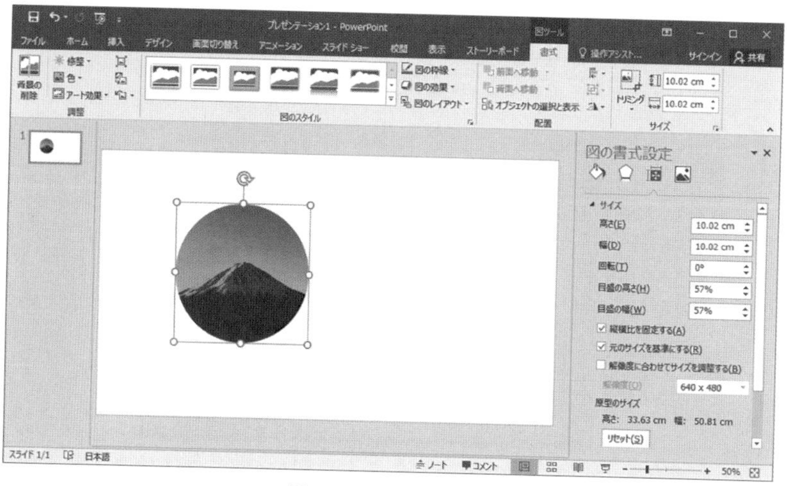

図8.17　サイズ変更

操作8.10：サイズ変更

① サイズ変更したい図を選択し，［図ツール］の［書式ツール］タブを開く．
② ［サイズ］グループの［作業ウィンドウ表示ツール］をクリックする．
③ 以下のいずれかの方法でサイズを変更する（図8.17）．
・パーセント
・数値
・マウス操作

Shiftキーを押しながらドラッグすると縦横比を固定しながら視覚的にサイズ調整が行える．

問題8.6

画像をPowerPointに読み込んで，画像のサイズを変更してみよう．

8.3.3　修整

修整機能を利用すると，明るさとコントラストの調整ができる．

操作8.11：明るさとコントラストの調整

① 画像をダブルクリックして［図ツール］の［書式］タブを開く．
② ［調整］グループの［修整］をクリックする（図8.18）．
③ さらに詳細に修整したい場合は，［図の修整オプション］を選択すると，［図の調整］タブが開くので，明るさとコントラスト，シャープネスを調整する（図8.19）．

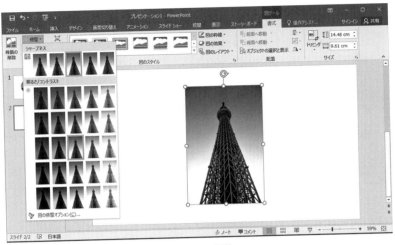

図 8.18 修整

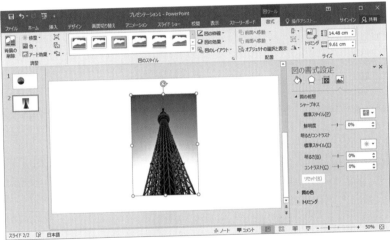

図 8.19 明るさとコントラストの調整

画像を PowerPoint に読み込んで，明るさとコントラストを調整してみよう．

8.3.4 エフェクト（アート効果）

エフェクトとは効果という意味で，写真に違った効果を出すことである．「フィルターをかける」ということもある．アート効果機能を利用すると，画像をスケッチや絵画のように見えるようにするなどの様々な効果を付けられる．

操作 8.12：アート効果

① 画像をダブルクリックして［図ツール］の［書式］タブを開く．
② ［調整］グループの［アート効果］をクリックする（図8.20）．
③ 一覧からアート効果を選択する．

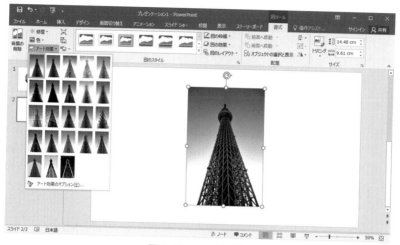

図 8.20　アート効果

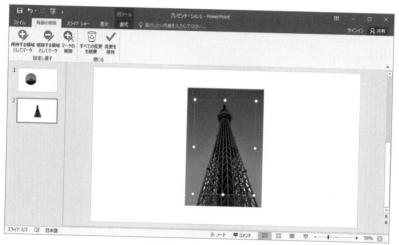

図 8.21　背景の削除

問題8.8

画像を PowerPoint に読み込んで，アート効果を付けてみよう．

8.3.5　背景の削除

　背景の削除機能を利用すると，図から背景を削除して，写真や画像の中にある特定のオブジェクトだけを切り出すことができる．

操作 8.13：背景の削除

① 画像をダブルクリックして［図ツール］の［書式］タブを開く．

② ［背景の削除］をクリックすると背景と識別された部分が赤紫になる（図 8.21）．

③ 背景の削除ツールが表示されるので，対象となる範囲をマウスでドラッグして調整する（図 8.22）．

　・削除されたくない部分が削除された場合は，［保持する領域としてマーク］をクリ

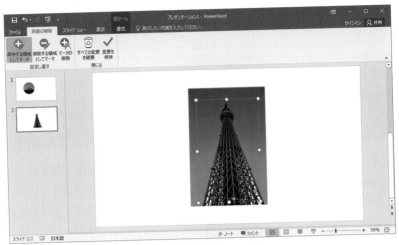

図 8.22　削除部分の調整

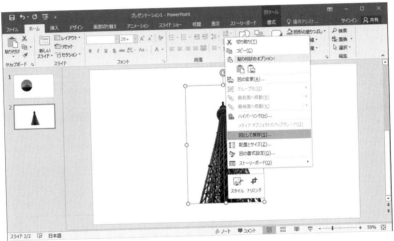

図 8.23　図として保存

　ックし，鉛筆ツールを使用して図の保持する領域を指定する．

・削除したい部分が削除されていない場合は，［削除する領域としてマーク］をクリ
　ックし，鉛筆ツールを使用してその領域を指定する．

④　終了するには［変更の保存］をクリックする．

8.3.6　図として保存する

操作 8.14：図として保存する

①　保存したい図をマウスの右ボタンでクリックし，［図として保存］をクリックする
　（図 8.23）．

②　［ファイルの種類］ボックスの一覧で，必要なグラフィックファイル形式を選ぶ．

・透過がある場合は，JPG 形式ではなく，PNG 形式か GIF 形式を選択する必要があ
　る．

問題8.9

画像をPowerPointに読み込んで，不要部分をトリミングしてみよう．また，様々な図形に合わせてトリミングしてみよう．

コラム：画像の保存形式の種類

　コンピュータ上で画像を保存する場合，使用しているソフトや使用の目的などに応じてさまざまな保存形式が存在する．これらの保存形式は，そのファイルの拡張子（「*.gif」など，ファイル名のドット以下の部分）によって区別される．主な保存形式とその特徴は以下の表のとおりである．通常，Webページで主に使用されるのは，JPEG，GIF，PNGの3つである．

画像の保存形式の種類

保存形式	特　　徴
BMP	Windowsにおける画像の標準形式
JPEG	高い圧縮率を実現した，写真などの画像ファイルに適した画像表示形式
GIF	256色までの画像を対象とした標準的な圧縮形式
TIFF	異なったシステムやアプリケーション間でのやり取りに向いている形式
PNG	高い圧縮率と品質が特徴．画質の劣化の少ない画像表示形式

8.4　Webオーサリングソフトの利用

　Webページを作成するためには，8.1節で説明したHTMLを自分で書くという方法のほかに，Webオーサリングソフトを利用して，簡単に作成する方法がある．ここでは，Googleサイトを利用してWebページを作成していく．このGoogleサイトは，Googleによって開発されたWebサイト作成ツールで，誰でも簡単にウェブサイトを作成でき，複数の編集者で作業ができるということをコンセプトに作られている．またWebページを作成するためのツールや素材を豊富にもっており，使いやすく，わかりやすいツールである．

8.4.1　Googleサイトの起動

　Googleサイトを利用するには，Googleサイトにログインする必要がある．Googleサイトはブラウザによっては利用ができないので，ブラウザはChromeを利用することが望ましい．

操作8.15：Googleサイトの起動
①　ブラウザ右上にあるGoogleアプリから「サイト」を選択する（図8.24）．
　　GoogleサイトのURL（https://sites.google.com/）にアクセスしても良い．
②　Googleアカウントにログインしていない場合はログイン画面が表示される．
　　Googleサイトで使用するGoogleアカウントでログインを行う．

図 8.24　Google サイトの起動

図 8.25　Google サイトのホーム画面

③　Google サイトへのログインは完了すると図 8.25 のようなホーム画面が表示される.

8.4.2　簡単な Web サイトの作成

最初にテキストと画像を含む 1 枚の簡単な Web サイトを制作していく.

操作 8.16：Web サイトの新規作成

①　Google サイトのホーム画面上部の「新しいサイトを作成」の下にある「＋」(空白) をクリックする.

②　新しいサイトが作成されて, 編集画面が表示される (図 8.26).

この時点で新しいサイトは作成され, サイトに含まれるページが一つ追加される. コンテンツを追加するなどの編集はこの画面で行う.

図 8.26　編集画面

操作 8.17：ドキュメント名とページタイトルの設定

① 作成したサイトのドキュメント名を設定する．作成した直後のサイトのドキュメント名は左上に表示されており，デフォルトでは「無題のサイト」となっている．

② サイトの名前の部分を一度クリックし，編集する．ドキュメント名の設定を行うと，自動的にサイトのサイト名にも同じ名前が設定される．

③ 「ページのタイトル」の部分をクリックし，入力，編集する．入力したテキストのフォントやサイズ，配置，削除などは，テキストボックスの上のツールバーで行う．また，テキストボックスの幅や位置は，テキストボックスをクリックすると表示されるテキストボックス両端の「●」をドラッグして設定する．

Google サイトではテキストや画像などのコンテンツを本文に追加するときは，セクションと呼ばれるブロックを追加し，そのセクションの中にテキストや画像を追加する．セクションは，位置を移動したり，背景色を設定したり，複製したりすることができる．

コンテンツの追加方法は，2通りある．

・挿入タブの利用

　編集画面の右側にある「挿入」タブを選択し，追加したいコンテンツの種類を選択し，本文中に挿入する．

・操作パネルの利用

　本文中の追加したい場所をダブルクリックし，コンテンツを追加するための操作パネル（図 8.27）を表示させ，追加したいコンテンツの種類を選択する．

いずれの方法でもコンテンツを追加することができるが，本書では「挿入タブ」を利用した方法で説明を進める．

図 8.27　操作パネル

図 8.28　テキストボックスの挿入

操作 8.18：テキストボックスの挿入

① 「挿入」タブ画面の中にある「テキストボックス」（図 8.28）をクリックし，テキストボックスを本文中に挿入する．

② テキストボックスの「クリックしてテキストを編集」と書かれた箇所をクリックし，テキストの入力・編集を行う．

③ 入力したテキストのフォントやサイズ，配置，削除などは，テキストボックスの上のツールバーで行う．また，テキストボックスの幅や位置は，テキストボックスをクリックすると表示されるテキストボックス両端の「●」をドラッグして設定する．

操作 8.19：画像の挿入

① 「挿入」タブ画面の中にある「画像」（図 8.29）をクリックする．

② 挿入したい画像の保存場所の確認があるので，ローカルにある画像ファイルをアップロードする場合は「アップロード」を，Google ドライブ上にある画像を使用す

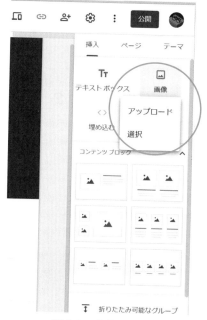

図 8.29　画像の挿入

　　　る場合は「選択」を選択する．
③　本文中に挿入された画像の編集（サイズ変更，切り抜き，アンクロップ（切り抜きの解除），リンクの挿入）は，編集したい画像を選択することで可能となる．

　前述したようにGoogle サイトではセクションを使ってコンテンツを配置する．一つのセクションに複数のコンテンツを追加することで色々なレイアウトを実現可能にしているが，よく利用されるレイアウトは「コンテンツブロック」として提供されている．なお「コンテンツブロック」は固定されたものではなく，別のコンテンツを追加したり，追加済みのコンテンツを削除することもできる．

操作 8.20：コンテンツブロックの挿入
①　「挿入」タブ画面の中にある「コンテンツブロック」（図8.30）の中から挿入したいコンテンツブロック（6種類）を選択し，本文中にコンテンツブロックを挿入する．
②　プレースホルダに画像を追加し，テキストボックスにテキストを入力する（図8.31）．
③　画像やテキストボックスの位置やサイズを調整する．

　Google サイトでは，作成したコンテンツや，セクションを以下の方法で削除することができる．

図 8.30　コンテンツブロックの挿入

図 8.31　コンテンツブロックの編集

図 8.32　コンテンツの削除

操作 8.21：コンテンツの削除

① 削除したいコンテンツを選択する.

② 選択したコンテンツの上のツールバー（図 8.32）に表示されているゴミ箱アイコ
ンをクリックする.

図8.33　セクションの削除

操作8.22：セクションの削除
① 削除したいセクションにマウスを合わせる.
② セクションの左側に表示されるアイコンからゴミ箱アイコンをクリックする（図
　 8.33）.

　Googleサイトでは, 様々なデバイスで作成したWebサイトがどのように表示されるかをプレビューすることができる.

操作8.23：作成したWebサイトのプレビュー
① 編集画面上部にある「プレビュー」アイコンを選択する（図8.34）.
② 確認したいデバイス（スマートフォン, タブレット, 大画面）を選択し, 作成した
　 Webサイトがどのように表示されるかを確認する（図8.35）.
③ プレビュー画面を閉じる場合には, 「×（プレビューを終了）」アイコンをクリック
　 する.

図8.34　作成したWebサイトのプレビュー

図 8.35　プレビュー画面

　Google サイトではタイトルや見出しのフォントやサイズなどが設定されているテーマがいくつか用意されており，テーマを設定することでサイト全体のデザインを変更できる.

 操作 8.24：テーマの選択
① 　画面右側の「テーマ」タブ（図 8.36）を選択する.
② 　選択可能なテーマが表示されるので，希望するテーマを選択する.
③ 　選択したテーマの「色」と「フォントスタイル」を決定する.

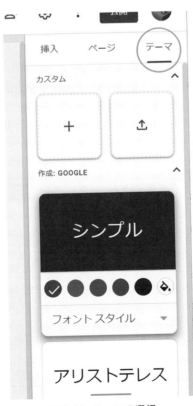

図 8.36　テーマの選択

　Googleサイトでは編集作業内容は随時Googleドライブに保存されるので，保存を意識する必要はない．作成済みのWebサイトはGoogleサイトのホーム画面に表示される．

操作8.25：作成したサイトの確認
① 編集画面左上に表示されている「Googleサイトのホーム」（図8.37）をクリックし，Googleサイトのホーム画面に戻る．
② 作成済みのサイトは，このGoogleサイトのホーム画面が表示される（図8.38）．

問題8.10

Googleサイトを利用して，画像（写真）を入れた図8.39のような自己紹介のWebサイトを作成してみよう．

図8.37　作成したサイトの確認

図8.38　作成済みのサイト

図 8.39　自己紹介の Web サイトの例

8.4.3　コンビニエンスストアの Web サイトの制作

　次に，Google サイトを用いてコンビニエンスストアの Web サイトを制作していく．情報量が一定以上ある Web サイトを制作する場合，1 つのページにすべての情報をまとめると非常に見づらいサイトになるので，同じサイト内であっても目的に応じてページを分けると良い．トップページを作成し，その下に内容ごとにページを分けて作成し，リンクを張るのが一般的である．

　ここでは，「トップページ」の他に「おすすめ商品」と「アクセス」のページを持つコンビニエンスストアの Web サイトを制作する．

　▶トップページ
　　☆おすすめ商品
　　☆アクセス

操作 8.26：「トップページ」の作成（図 8.40）
　①　新しいサイトを作成し，ドキュメント名を設定する．
　②　ページのタイトルを設定する．
　③　「テキストボックス」，「画像」，「コンテンツボックス」を利用して，紹介するコンビニエンスストアの概要を説明する文章や画像を挿入する．

　次に「おすすめ商品」のページを追加する．Google サイトでは，ページを追加すると自動的にナビゲーションにページ名が表示され，サイト内のページを切り替えて表示することができるようになる．

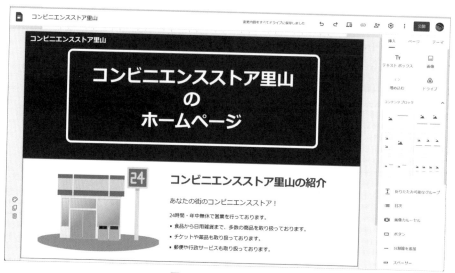

図8.40　トップページ

操作8.27：「おすすめ商品」のページを追加

① 画面右側の「ページ」タブを選択する.

② ページタブの一番下に表示されている「＋」をクリックする.

③ 「新しいページ」ダイアログが表示される（図8.41）ので「おすすめ商品」と入力し,「完了」をクリックする.

④ 「コンテンツボックス」を利用して,おすすめ商品を説明する文章や,画像を挿入する（図8.42）.

図8.41　ページの追加

図 8.42　「おすすめ商品」のページ

図 8.43　編集するページの切り替え

　Google サイトでサイトに複数のページが含まれる場合，編集するページを切り替える方法は 2 通りある.

・ページタブの利用
　　画面右側のページタブを選択し，編集したいページの名前をクリックする
・ナビゲーションメニューの利用
　　サイトに複数のページを追加した場合，各ページの右上にナビゲーションメニューが表示（図 8.43）されるので，編集したいページの名前をクリックする

　次に「アクセス」のページを追加する. Google サイトでは，Google マップで作成した地図を埋め込んで追加することができる.

操作 8.28：「アクセス」のページを追加
　① 「アクセス」のページを追加する.
　② 画面右側にある「挿入」タブを選択し，「挿入」タブ画面の中にある「地図」をクリックする.
　③ 「地図の選択」ダイアログが表示されるので，左上の検索ボックスで表示したい位置の住所や建物の名前などを検索する（図 8.44）.

図8.44 「地図」の挿入

図8.45 「アクセス」のページ

④ 位置や縮尺などを調整する.
⑤ 画面右上の「目印を置く」を選択し，追加した地図の中で表示したい位置を現在の地図上でクリックする.
⑥ 最後に，画面左下の「選択」をクリックする.
⑦ 地図のサイズを変更する場合は，地図を一度クリックし，地図の周りに表示される「●」を求めるサイズにドラッグする（図8.45）.
⑧ 必要に応じて「テキストボックス」などを追加し，アクセス情報を入力する.

Googleサイトでは，作成したページを以下の方法で削除することができる.

図 8.46　ページの削除

　操作 8.29：ページの削除

① 画面右側に表示されている「ページ」タブを選択する.

② ページの一覧の中から削除したいページにマウスを合わせ，表示された「その他アイコン」（図 8.46）をクリックする.

③ 表示されたメニューの中から「削除」をクリックする.

8.4.4　Google サイトで追加できるコンテンツ

Google サイトでは，今まで紹介したテキストボックスや画像，Google マップ以外に表 8.1 に示すようなコンテンツを追加できる.

表8.1　Googleサイトで追加できるコンテンツ

折りたたみ可能なグループ	最初に折りたたみグループは最初見出しの部分だけ表示されており，矢印をクリックするとグループが展開されて内容が表示される
目次	自動的にページ内の見出しのテキストを取得して各見出しへのページ内リンクが設定され，ヘッダー部分のすぐ下に一覧になって表示される
画像カルーセル	複数の画像がスライドショーのように次々に入れ替わる仕組みが挿入される
ボタン	他のウェブサイトに飛べるリンクボタンが設置される
分割線を追加	ページを区切るための水平の線が挿入される
スペーサー	予約や位置の調整用のスペーサーが挿入される
ソーシャルリンク	定型化されたソーシャルメディアのリンクが挿入される
YouTube	YouTube動画が埋め込まれる
カレンダー	Googleカレンダーが埋め込まれる
ドキュメント	Googleドキュメントで作成したファイルが挿入される
スライド	Googleスライドで作成したファイルが挿入される
スプレッドシート	Googleスプレッドシートで作成したファイルが挿入される
フォーム	Googleフォームが挿入される
グラフ	Googleスプレッドシート上にあるグラフが埋め込まれる

問題8.11

作成したサイトに「セール情報」のページを追加しましょう．そして，内容にあったテーマを選択し，オリジナルのコンビニエンスストアのWebサイトを完成させよう．

8.4.5　編集者の追加

Googleサイトではサイトを作成したユーザとは別のユーザを編集者として追加できる．追加されたユーザは作成したユーザと同じようにサイトを編集したり，公開したり，別の編集者を追加したりすることができる．

操作8.30：編集者の追加

① 編集画面上部にある「他のユーザーと共有」アイコンを選択する（図8.47）．
② 「ユーザーやグループと共有」ダイアログが表示されるで，追加するユーザのメールアドレスを入力し，「送信」をクリックする．

図8.47　編集者の追加

コラム：Webデザイン

Webページをデザインする際に注意すべき4つの基本原則がある．それは，「整列」，「近接」，「反復」，「対比（コントラスト）」の4つである．これらの原則を覚えているだけで，Webページは整理されて美しくなり，プロっぽい仕上がりに生まれ変わる．さらに，情報をより明確にWebページの訪問者に伝えられるようになる．

以下にこの4つの基本原則の詳細を説明する（文献[2]より一部改変）．

◆整列：
整列とは，Webページを構成する要素がきちんと揃えられていることをいう．整列には，左揃え，中央揃え，右揃えがあるが，大事なことは，「1種類の整列方法を選択して，Webページ全体で統一させること」である．

◆近接：
近接とは，関連性のある要素が互いに近い位置にある状態をいう．2つの要素が近くに配置されていると関連性があるように感じるし，逆に離れて配置されているとまったく関連性がないように感じるものである．関連する要素のスペースのとり方に十分注意を払い，伝えたい内容を正確に理解してもらえるようグループ化して見せるように心掛ける必要がある．

◆反復：
反復とは，Webサイト全体を通して個々のパーツのイメージを連結させるために，ある特定の要素を繰り返し利用するというデザインの原則である．色，雰囲気，イラスト，フォーマット，フォントや，ナビゲーションボタンなどがWebサイト全体を統一させる反復の要素である．Webサイトのナビゲーションシステムを反復を用いて一貫性のあるものにすれば，Webサイトの見栄えを統一させる効果に加え，訪問者が煩わしい作業を必要とすることなく自由にWebサイトを利用することを可能にする．

◆対比（コントラスト）：
コントラストを調節してそれぞれの情報を対比させることにより，訪問者の目線を引き寄せることが可能になる．つまり，ある要素にコントラストをつけることにより，情報を階層化することができ，その結果，膨大な情報のなかから必要な情報を探し出しやすくすることができる．コントラストは，フォントや色，ナビゲーション用の画像，スペースのとり方を工夫することでつけることができる．たとえば，フォントを太くしたり，大きくしたり，異なるフォントを利用してみるとよい．

8.5　Webページ（サイト）の公開

8.5.1　公開する前に気をつけること

Webページ（サイト）を公開する前に，以下の点に注意を払う必要がある．

・発信する情報の内容をよく吟味する

インターネットの情報は世界に向けて発信される．したがって，秘密にすべき情報，不確

かな情報，誤った情報が Web ページに含まれていないか，公開する前に内容を十分吟味する必要がある．特に，氏名や住所，電話番号，メールアドレスなどの個人情報の公開には，細心の注意を払う必要がある．

・著作権・肖像権に十分配慮する

音楽・絵画・写真・小説などすべての著作物には著作権があり，著作権者に無断でそれらを使用することは法律で禁止されている．インターネット上での公開は個人的な利用ではないので，インターネット上に自分で作成した Web ページを公開する場合は，著作権や肖像権に十分配慮する必要がある．また，他者の著作物を掲載してもいいかどうかわからないときは，自分で判断するよりも，まず著作権者に問い合わせてみる必要がある．

・情報のデータ量に注意する

Web ページに大きな画像や映像などが多く含まれると，データ量が非常に大きくなり，利用者は Web ページが表示されるまで長い間待たなければならなくなることがある．したがって，閲覧者の利用環境を考慮し，効果的に情報を伝達できるように工夫する必要がある．

8.5.2 Web サイトの公開

制作した Web サイトを他のユーザが見れるようにするためには，サイトを「公開」する必要がある．ここでは Google サイトで，サイトを公開する方法，公開したサイトの URL を変更する方法，そして公開したサイトの公開を停止する方法について説明する．

操作 8.31：Web サイトの公開

① 公開したいサイトの編集画面右上に表示されている「公開」ボタン（図 8.48）をクリックする．

② 「サイトの公開」ダイアログ（図 8.49）が表示されるので，公開するサイトの URL を決定する．URL は「https://sites.google.com/ ○○○○/（指定したテキスト）」のような形式となり，一番上のテキストボックスに URL の最後の部分とな

図 8.48　Web サイトの公開

サイトの公開

---ウェブアドレス---

c-satoyama

https://sites.google.com/senshu-u.jp/**c-satoyama**

サイトを閲覧できるユーザー
専修大学 の全員 管理

キャンセル 　公開

図8.49　「サイトの公開」ダイアログ

るテキストを入力する．テキストで使用できるのは「(アルファベットの)小文字，数字，ダッシュ」の3種類で，少なくとも3文字（小文字，数字，ダッシュ）以上入力する必要がある．なお既に使用されているテキストを入力した場合は「この名前は既に使用されています．」というエラー表示がでる．

③　「サイトを閲覧できるユーザー」を選択する，「管理」を選択すれば閲覧できるユーザを管理できる．今回は「管理」を選択しない．

④　設定が終わったら「公開」をクリックする．

問題8.12

ブラウザに，操作8.32で設定したURLを入力し，公開したサイトにアクセスしてみましょう．

操作8.32：公開したサイトのURLの変更

①　URLを変更したいサイトの編集画面右上に表示されている「公開」ボタンの右にあるドロップダウンメニュー（図8.50）をクリックする．

②　表示されたメニューの中から「公開設定」をクリックする．

③　「公開設定」ダイアログ（図8.51）が表示されるので，公開するサイトのURLを変更する．

④　設定が終わったら「保存」をクリックする．

操作8.33：サイトの公開を停止

①　公開を停止したいサイトの編集画面右上に表示されている「公開」ボタンの右にあるドロップダウンメニュー（図8.50）をクリックする．

②　表示されたメニューの中から「公開を停止」をクリックする．

③　「サイトの公開を停止」ダイアログ（図8.52）が表示されるので，確認の上「OK」をクリックする．

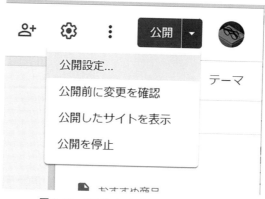

図 8.50　公開したサイトの URL の変更

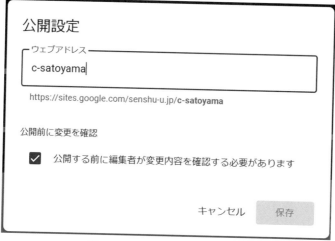

図 8.51　「公開設定」ダイアログ

サイトの公開を停止

このサイトの公開を停止します。サイトの編集や再公開は引き続き行えます。

キャンセル　OK

図 8.52　「サイトの公開を停止」ダイアログ

問題8.13

公開範囲に注意して制作した Web サイトを公開してみよう．

章末問題

1. 自分の住んでいる町を紹介する Web サイトを作成してみよう．
2. 作成した Web サイトを公開してみよう．

参考文献

[1] 情報教育学研究会・情報倫理教育研究グループ編，『インターネットの光と影 Ver.6―被害者・加害者にならないための情報倫理入門』，北大路書房，2018.

[2] Robin Williams / John Tollett 著，『ノンデザイナーズ・ウェブブック〈2001〉今日からはじめる Web デザイン』，エムディエヌコーポレーション，2001.

[3]（社）著作権情報センター，〈http://www.cric.or.jp/〉，2024.1.22 参照.

[4] Google サイトの使い方（https://support.google.com/sites/answer/6372878），2023 年 9 月 18 日参照

第9章
情報リテラシへの道

本章では，複数のアプリケーションを連携して利用しながら，能動的に情報を収集・分析し，新しい情報を創造していくまでの過程を体験してもらう．このような情報活用の能力のことを情報リテラシと呼ぶ．この情報リテラシの体験を通して，コンピュータリテラシと情報リテラシの違いを認識し，情報活用の楽しさや重要性を学ぶ．そして，実際の問題に直面したときに，本章で学んだ情報リテラシのスキルを役立ててほしい．

9.1 情報リテラシの重要性

第8章までにわたしたちは Word や Excel などのアプリケーションの使用方法について学んできた．このようなアプリケーションを使用することのできる能力のことをコンピュータリテラシという．しかし，アプリケーションはあくまでも情報を加工するための道具にすぎない．実社会では，コンピュータの操作能力よりも，問題を発見し，情報を収集し，情報を分析し，新たな情報を創造し，情報を発信し，問題を解決する能力のほうが問われる場合が多い．この能力のことを情報リテラシといい，コンピュータリテラシとは区別される．情報リテラシは，コンピュータの存在しない時代でも大切な能力であった．一方，コンピュータリテラシはコンピュータの存在があって初めて必要となる能力である．現代はコンピュータやネットワークの時代であるので，情報リテラシ能力を発揮するうえで，コンピュータやネットワークを道具として活用することが多い．したがって，コンピュータリテラシも大切な能力である．さらにその上位にある能力が情報リテラシである．

以下では，図 9.1 に示す「コンビニ曲がり角」という 2006 年 4 月 16 日付の朝日新聞[11]の記事を起点とし，コンビニに関するレポートを書き上げるまでの過程を追いながら，情報リテラシの雰囲気を味わってもらう．

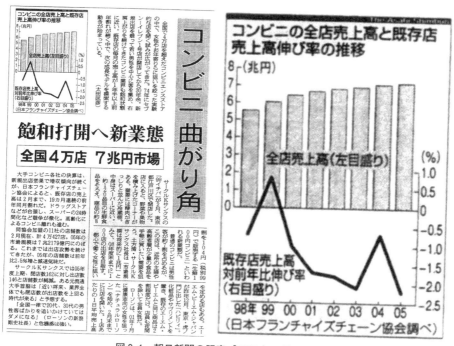

図 9.1　朝日新聞の記事［2006 年 4 月 16 日付］

9.2　問題の設定

　レポートを書く際には，テーマをはっきりさせることが大切である．何の目的もなく，何の問題意識もなくレポートを書こうとしても，よいレポートは書けない．問題意識をもつことが出発点となる．

　前述の新聞記事では「コンビニの全店売上高が飽和状態になりつつある」ということが掲載されている．全店売上高が頭打ちになってきて，前年比の既存店売上高が減少しているというのだ．それを棒グラフと折れ線グラフの 2 軸グラフで示している．しかし，わたしたちの周りにはコンビニがたくさんあり，新しいコンビニも次々と開店している．大学近くのコンビニは，昼の時間ともなると，弁当を買うために長蛇の列ができるし，自宅近くのコンビニは深夜営業をしているので，夜食を買いにいくこともしばしばある．そういうわけで，コンビニを利用する機会はむしろ増えているという実感がある．そういう状況を考えると，「コンビニ業界が曲がり角に立っている」という新聞記事は，にわかに信じがたい．このように，わたしたちの感じている印象に対して，新聞記事の見出しには違和感がある．そのもやもやとした違和感の原因を究明するために，コンビニの店舗数と売上高の推移を調査し，その当時のコンビニの実態と現在の状況を解明することを試みてみよう．

9.3　情報の収集

　情報を収集するにあたって，まず，コンビニの売上高に関する最近のニュースを調査したいと考えた．そのために，Google を用いてニュースの検索を行ってみることにする．

3月のコンビニ売上高，20カ月連続減・過去最長に

コンビニエンスストアの成長鈍化が鮮明になってきた．日本フランチャイズチェーン協会が20日発表した3月の売上高（既存店ベース，11社）は前年同月比2.5%減の5551億円．前年割れは20カ月連続となり，過去最長となった．若年客減少などが響き，構造的不振に陥りつつある．

既存店売上高が前年同月実績を上回ったのは，記録的猛暑で飲料などが急伸した2004年7月が最後．少子化で20代の客が減りつづけ，北海道など若年人口減少が目立つ地域の不振は深刻だ．首都圏などは比較的好調だが，各社の新規出店が集中して過当競争の様相が濃くなっている．

商品別では，ペットボトル飲料や菓子など加工食品売上高が9カ月連続で前年割れで，低迷が目立つ．独自商品比率が低い分野のため，ドラッグストアなど異業種企業の低価格攻勢の影響を受けているようだ．大手は新商品開発や販促に力を入れているが，効果が出るまでには時間がかかりそうだ．

図 9.2 NIKKEI NET のニュース記事［2006年4月20日付］

例題9.1

キーワードとして，「コンビニ」だけの検索と，「コンビニ」と「売上高」の AND 検索を行い，それぞれ何件のニュースがヒットするかを調べてみよう．

上記の検索をその当時行ったところ，図9.2に示す2006年4月20日付の NIKKEI NET のニュース記事[2]がヒットした．

この記事から，コンビニ業界では2004年8月から既存店売上高が20ヶ月連続で前年割れを起こしており，過去最長となっていることがわかった．その原因として，少子化やドラッグストアなどの低価格攻勢の影響をあげている．

そこで，コンビニにおける売上高や店舗数の統計情報を調べるために，Google を用いて Web 検索を行うことにした．

例題9.2

キーワードとして，「コンビニ」と「売上高」と「店舗数」と「統計」の四つのキーワードの AND 検索を行い，何件の Web ページがヒットするかを調べてみよう．

上記の検索から，社団法人日本フランチャイズチェーン協会の Web サイト（http://www.jfa-jfa-fc.or.jp/）をみつけることができたので，そのサイトにアクセスしてみることにした．そのトップページを図9.3に示す．

2006年当時の日本フランチャイズチェーン協会の Web ページには「調査／研究」という項目に「各種統計調査」という項目があった．そこをクリックすると，各種統計調査のページにジャンプし，そのページにいろいろな統計情報が公開されていた．現在は，pdf ファイルとして統計情報が提供されている．

例題9.3

コンビニ統計調査から「コンビニエンスストア統計調査時系列データ（2017年〜2022年）」（pdf ファイル）をダウンロードしてみよう．

このようにして，コンビニの売上高や店舗数のデータを収集することができた．この統計情

図9.3 　（社）日本フランチャイズチェーン協会のトップページ

報を分析するために，ダウンロードした pdf ファイルを Excel ファイルに変換する必要がある．その方法については，コラム（pdf 形式ファイルを Excel 形式に変換する方法）を参照してほしい．

　また，統計データの有力な情報源として e-stat[1]がある．これは，総務省統計局が整備している政府統計のポータルサイトであり，各府省などが実施している統計調査の各種情報を入手することができる．さらに，内閣府が提供するマクロ経済統計リンク集のサイト[2]も便利である．コンビニの統計データも，ここからアクセスできる．

コラム：pdf 形式ファイルから Excel 形式ファイルへの変換方法

　　Web 上にアップロードされている表形式のデータは，pdf 形式で公開されていることが多い．これらのデータに対し Excel を用いて分析するためには，pdf 形式ファイルを Excel 形式ファイルに変換する必要がある．そのための専用のアプリケーションは，Web 上にいくつか存在するが，ここでは，Word と Excel だけを用いて変換する方法を消化しよう．その手順は，以下のとおりである．

① 　pdf ファイルを Word で読み込むと，Word に表形式のデータが作成される．

② 　その表形式の部分を Excel にコピー＆ペーストする．

　ただし，文字化けが起こる可能性もあるので，データをチェックする必要がある．

pdf 形式ファイル　　　　　Word 形式ファイル　　　　　Excel 形式ファイル

1 　https://www.e-stat.go.jp/
2 　https://www5.cao.go.jp/keizai3/getsurei/macro/

9.4 情報の分析

　次に，前節で収集したデータをもとに，コンビニの売上高と店舗数についていろいろな分析を行ってみよう．その分析により，いままではっきり見えていなかったことが見えてくるかもしれない．

9.4.1 年度別全店売上高グラフの作成

　なぜ，新聞では売上高の推移を比較するのに，前月の売上高と比較しないで，前年同月の売上高と比較しているのだろうか．もしかすると，コンビニの売上高は季節によって変動があるのかもしれない．そこで最初に，コンビニの売上高に季節的な変動があるかどうかを調べるために，2020年から2022年までの3年間の年別全店売上高グラフを作成してみることにしよう．

例題9.4

表9.1に示す2020年から2022年の全店売上高表をExcelを用いて作成しよう．そして，その表を利用して，図9.4のような全店売上高を示す折れ線グラフを作成してみよう．

　このグラフより，7月と8月の夏季と12月に売上高が伸び，1月と2月の冬季に売上高が落ち込む傾向があることがわかった．すなわち，コンビニの売上高には季節的な変動が存在するのである．そのため，売上高の傾向を見るためには，前月と比較するのではなく，前年同月と比較することが大切なのである．このようにして，わたしたちの立てた仮説がデータにより検証できた．

　このときより17年前の2003年から2005年までの3年間のデータを表9.2と図9.5に示す．この2つの表やグラフを比較することにより，17年の間に売上高が3千億円から5千億円程度増加していることがわかる．

表9.1　2020年から2022年の全店売上高（単位：百万円）

	2020年	2021年	2022年
1月	885,710	850,984	873,886
2月	849,064	796,503	799,310
3月	877,500	898,263	912,727
4月	817,030	882,170	904,867
5月	849,706	892,426	923,452
6月	879,287	892,256	929,330
7月	907,928	961,596	993,693
8月	947,930	934,428	982,042
9月	905,998	913,989	935,058
10月	914,163	910,076	968,980
11月	888,645	877,469	944,933
12月	937,872	971,453	1,009,241

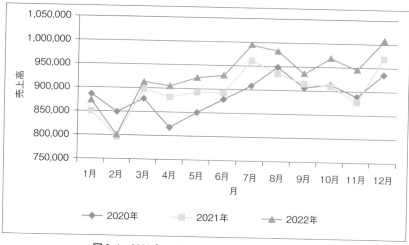

図 9.4　2020 年から 2022 年の全店売上高の推移

表 9.2　2003 年から 2005 年の全店売上高（単位：百万円）

	2003 年	2004 年	2005 年
1 月	542,335	554,995	561,835
2 月	518,617	534,631	523,717
3 月	580,338	585,949	601,531
4 月	555,871	575,367	592,949
5 月	576,435	588,032	600,660
6 月	590,722	583,926	600,551
7 月	603,153	660,133	653,806
8 月	634,792	645,291	662,509
9 月	585,698	587,345	609,882
10 月	587,632	599,164	602,048
11 月	572,642	584,145	580,753
12 月	614,193	627,001	627,694

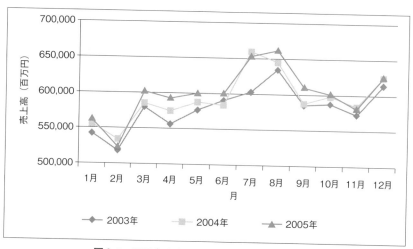

図 9.5　2003 年から 2005 年の全店売上高の推移

9.4.2 既存店の売上高の推移表の作成

次に，図9.2の記事の根拠となる既存店の売上高と前年同月比のデータを表9.3のように抽出してみよう．これが，20ヶ月連続前年割れの根拠となるデータである．この表から，図9.6のような折れ線グラフを作成すると，視覚的に伸び率の変化が把握できる．

ここで，1つの疑問が浮かぶ．なぜ「既存店」に着目するのだろうか．ひょっとすると，「新規店」は売上を伸ばすが，その影響により「既存店」は客を取られるのかもしれない．コンビニ業界全体としては新規店の投入により売上を伸ばせるが，個々の既存店はその影響で売上が落ち込んでしまう．そのあたりがあの違和感の起因するところであろうか．このように，データ分析を進める過程において，次々と新たな疑問や仮説が思い浮かび，それを解明するために，新たな分析が必要になってくる．情報の分析は，分析途中の結果に対応して，柔軟に変えていくことも大切である．

そこで，コンビニの全店売上高と既存店の売上高前年比伸び率を年ごとにまとめてみると，表9.4が得られる．これを2軸上の折れ線と縦棒グラフを用いて表現すると，図9.7のようになる．このグラフが図9.1の新聞記事のグラフである．これより，コンビニ業界全体では売上を着実に伸ばしているが，既存店だけに着目すると売上を落としていることがわかる．これはわたしたちの当初抱いた感覚と合う．朝日新聞は，このグラフを掲載し，読者の視覚的な理解を得ようとしたのである．

17年後の2020年から2022年までの全店売上高と既存店売上高前年比を表9.5と図9.8に示す．全店売上高は年々増加し，2015年には10兆円を突破した．その上，既存店売上高伸び率も，コロナ禍の2020年を除いてプラスであり，コロナ禍以降はV字回復している．これらのことから，17年前の状況とは異なり，コンビニ業界は好況を維持し続けているといえよう．

問題9.1

(1) 図9.6の折れ線グラフを，Excelを用いて作成してみよう．

(2) 図9.7と図9.8の2軸グラフを，Excelを用いて作成してみよう．

表9.3 既存店売上高の推移

年月	既存店売上高 （百万円）	既存店 前年同月比
2004 年 7 月	602,778	6.8
8 月	589,852	− 0.9
9 月	538,951	− 1.8
10 月	548,651	− 0.9
11 月	534,666	− 1.0
12 月	574,191	− 0.9
2005 年 1 月	513,357	− 1.7
2 月	477,521	− 2.5
3 月	549,144	− 1.4
4 月	541,234	− 0.9
5 月	548,391	− 1.9
6 月	548,714	− 1.3
7 月	597,061	− 4.7
8 月	605,931	− 1.3
9 月	559,647	− 0.3
10 月	551,812	− 2.9
11 月	532,457	− 4.0
12 月	575,372	− 3.4
2006 年 1 月	515,912	− 3.2
2 月	483,538	− 2.4
3 月	555,175	− 2.5

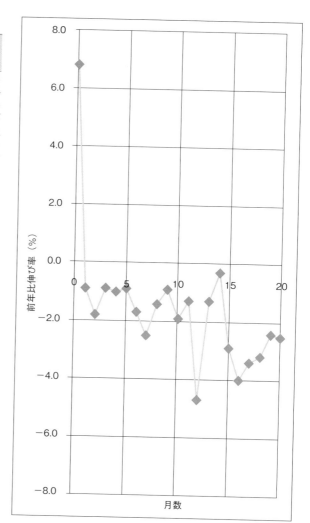

図9.6 既存店売上高の前年比伸び率

表 9.4　全店売上高と既存店売上高前年比の推移（1998 年〜2005 年）

年	全店売上高（百万円）	既存店前年比
1998	5,525,123	− 0.7
1999	6,058,170	0.8
2000	6,482,495	− 1.0
2001	6,677,944	− 1.7
2002	6,847,605	− 1.8
2003	6,962,428	− 2.1
2004	7,125,979	− 0.7
2005	7,217,935	− 2.2

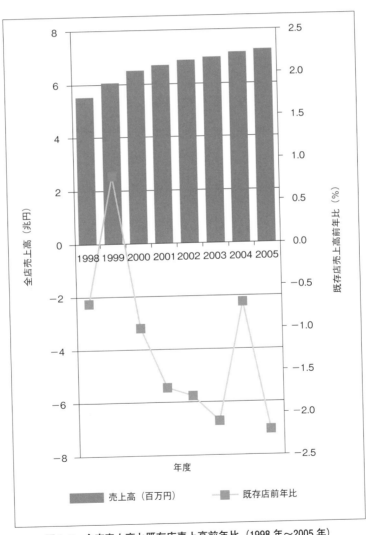

図 9.7　全店売上高と既存店売上高前年比（1998 年〜2005 年）

表 9.5 全店売上高と既存店売上高前年比の推移 (2015 年～2022 年)

年度	売上高（百万円）	既存店前年比
2015	10,206,066	0.9
2016	10,507,049	0.5
2017	10,697,520	−0.3
2018	10,964,625	0.6
2019	11,160,772	0.4
2020	10,660,833	−4.7
2021	10,781,613	0.6
2022	11,177,519	3.3

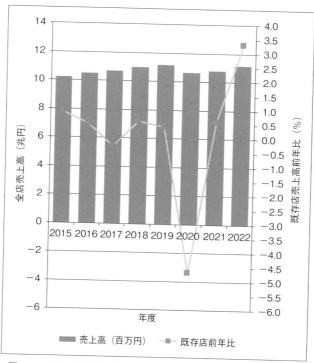

図 9.8 全店売上高と既存店売上高前年比 (2015 年～2022 年)

コラム：2軸グラフ

　図9.7のような棒グラフと折れ線グラフとを組み合わせた2軸グラフを描画してみよう．具体的には以下のような簡単な操作で基本的な2軸グラフを描画することができる．

① 対象となるセル領域を選択する．

② リボン［挿入］タブ→［グラフ］グループの［ダイアログボックス表示］ボタンをクリックする．

③ ［グラフの挿入］ダイアログボックスの［すべてのグラフ］タブを選択する．

④ ［組み合わせ］グラフを選択し，第2軸のチェックボックスにチェックする．

上記の操作で，基本的な2軸グラフが描画されるので，グラフ要素を適宜調整すればよい．

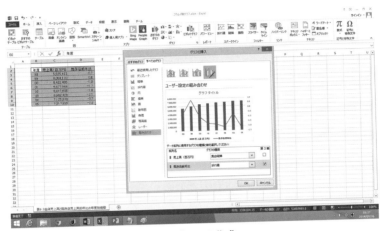

2軸グラフの作成

9.4.3　コンビニの店舗数の推移図の作成

　2004年1月から2005年12月までの24ヶ月の店舗数のデータを基にして，コンビニの店舗数の推移を分析してみよう．

例題9.5

　表9.6のような店舗数の推移表を統計データから抽出し，それをもとに散布図を作成し，回帰直線を描いてみよう．その際，図9.9のように回帰直線の式やR^2の値も表示してみよう．

　このグラフの回帰直線の式は$y = 90.38x + 37724$となった．これは，1ヶ月経過するごとに店舗数は90.38店ずつ増えていることを示している．そして，決定係数R^2が0.9709と1にきわめて近いので，回帰直線の当てはまりもきわめてよいことがわかる．また，この回帰直線を用いると，店舗数がいつ5万店に達するかを予想することができる．

表9.6 コンビニの店舗数の推移

相対月数	月	店舗数
1	1月	37,790
2	2月	38,097
3	3月	38,005
4	4月	38,036
5	5月	38,065
6	6月	38,085
7	7月	38,205
8	8月	38,509
9	9月	38,425
10	10月	38,683
11	11月	38,787
12	12月	38,901
13	1月	38,915
14	2月	39,304
15	3月	39,118
16	4月	39,170
17	5月	39,229
18	6月	39,269
19	7月	39,392
20	8月	39,663
21	9月	39,590
22	10月	39,631
23	11月	39,738
24	12月	39,877

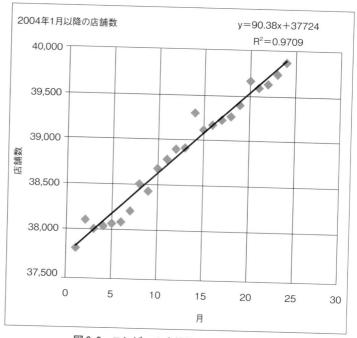

図9.9 コンビニの店舗数の推移と回帰直線

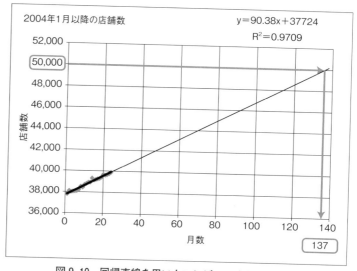

図9.10 回帰直線を用いたコンビニの店舗数の予測

　すなわち，下記のような1次方程式を解くことにより，x が 135.8 のときに5万店に達することがわかる．

$$50000 = 90.38x + 37724$$

$$x = \frac{5000 - 37724}{90.38} = 135.8$$

　すなわち，2004年1月から136ヶ月先の2015年4月に5万店に達すると予測できる．これは，図9.10のように，前方補外を用いて回帰直線を描くとさらにわかりやすくなる．実際は，それより1年前の2014年4月に5万店に達した．このように，回帰直線はデータ分析の強力な手法の1つであり，視覚的にもわかりやすく他人を説得するのに有効な武器となるので，ぜひ活用したい．

9.4.4　1店舗あたりの売上高の推移表の作成

　1店舗あたりの売上高の推移を調べてみることは欠かしてはならないことである．この観点がコンビニの経営状況に直結するからである．

例題9.6

　表9.7のように，毎年1月の店舗数と売上高のデータから，1店舗あたりの売上高を計算してみよう．

表9.7　1店舗あたりの売上高の推移表（1999年から2006年）

年月	店舗数	売上高（百万円）	売上高／店舗数（百万円）
1999年1月	31,141	469,152	15.1
2000年1月	33,840	496,257	14.7
2001年1月	35,546	516,049	14.5
2002年1月	36,592	528,658	14.4
2003年1月	36,988	542,335	14.7
2004年1月	37,790	554,995	14.7
2005年1月	38,915	561,835	14.4
2006年1月	39,887	563,337	14.1

　この表より，全店舗の売上高は漸増しているが，1店舗あたりの売上高は減少傾向にあることがわかる．特に，2006年の1店舗あたりの売上高は，1999年と比較すると100万円も落ち込んでいることがわかる．

　この分析の結果，1店舗あたりの売上高の観点からみれば，その当時の新聞報道にあるように「コンビニ業界曲がり角」という見出しは誤っていないことがわかる．一方，コンビニ業界全体の売上高の観点からみれば，コンビニ業界の右肩上がりは依然続いているというわたしたちの実感も誤っていないことになる．このギャップが，最初に感じた違和感につながっていると分析することができよう．

　表9.8に2015年から2022年までの1月における1店舗あたりの売上高の推移を示す．これより，1店舗あたりの毎月の売上高は1500万円台を回復していないことがわかる．

9.4.5　店舗数と売上高の相関図の作成

　次に，表9.7の店舗数と売上高のデータをもとにして，店舗数と売上高の相関について調べてみよう．

表9.8 1店舗あたりの売上高の推移表（2015年から2022年）

年月	店舗数	売上高 （百万円）	売上高／店舗数 （百万円）
2015年1月	52,155	787,690	15.1
2016年1月	53,150	814,625	15.3
2017年1月	54,496	836,784	15.4
2018年1月	55,310	837,380	15.1
2019年1月	55,779	876,977	15.7
2020年1月	55,581	885,710	15.9
2021年1月	55,911	850,984	15.2
2022年1月	55,956	873,886	15.6

例題9.7

表9.7の店舗数と売上高の推移表をもとにして散布図を作成し，回帰直線を描いてみよう．その際，図9.11のように回帰直線の式やR^2の値も表示してみよう．

　このグラフの回帰直線の式より，1店舗増加するごとに約1180万円だけ売上高が増加することがわかる．しかし，2004年からの3年間，売上高は頭打ちの傾向にある．この傾向が続けば，店舗数が増えても売上高はさほど増えないことになり，1店舗あたりの売上高も落ち込むことになる．そういう意味で，新聞報道のほうが説得力があるといえよう．

　その傾向を打開するために，つまり問題の解決策の1つとして，生鮮食品や化粧品など新業態を模索する動きが一部のコンビニで始まっているようだ．その後の動きについては，9.6節で述べる．

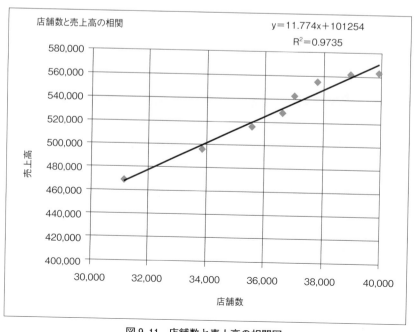

図9.11 店舗数と売上高の相関図

問題9.2

表9.7から店舗数と売上高の2次式の近似曲線を求めてみよう．また，この近似式を用いて予測すると，店舗数が5万店のときの売上高はいくらになるか求めてみよう．

9.5 情報の発信

本節では，前述した分析結果を**レポート**としてまとめる作業について説明する．

(1) レポートの構成

レポートは，内容をできるだけ簡潔に読み手に伝えるよう心がける必要がある．また，書き手の立場や思いと読み手の立場や思いは異なるので，なるべく客観的に書くことが求められる．

レポートは，**序論，本論，結論**から構成するのが一般的である．そのなかを，さらにいくつかに分け，章立てを行う．章立ての1つの例を図9.12に示す．

レポートの最後には，**参考文献**として，参考にした文献やWebページのURLを一覧で記述する．参考にした文献がまったくないレポートはレポートと呼ぶに値しない．また，他人の文章をあたかも自分の書いた文章のように書くと著作権を侵害していることになるので，きちんと引用したことがわかるように記述しよう．さらに，必要に応じて**謝辞**を書くこともある．

(2) レポートの体裁

レポートの体裁は統一されているわけではないが，多くの場合，以下のような体裁をとっている．

① 文体は「である体」で書くのが標準的である．「ですます体」はレポートではあまり使用されない．
② 図には図番とタイトルをつけ，図の下に記述する．
③ 表には表番とタイトルをつけ，表の上に記述する．
④ 章，節，項というように階層化すると読みやすい．
⑤ 参考文献には番号をつけ，著者名，文献名，出版社，発行年などを記述する．

---

1. **はじめに**
   レポートを書く背景や動機，目的，意義などについて記述する．
2. **方法**
   調査方法や研究方法について記述する．
3. **報告**
   レポートの主要部分を記述する．たとえば，調査や分析により明確になった事実を記述する．この部分は通常長いので，いくつかの部分に分けて書くとわかりやすい．
4. **考察**
   報告内容に関して，推測や考察できることを記述する．
5. **おわりに**
   レポートのまとめと今後の課題について記述する．

図9.12 レポートの章立ての例

(3) レポートを書く上での注意点

レポートを書く際に注意しておくとよいと思うものを下記に記載しておく．参考にしてもらいたい．

① 主語と述語の対応がとれていること．文章を書いている途中で書き手の頭のなかで主語が変わってしまい，結果的に主語と述語の対応が一致しなくなることがある．

② 1つの文章が長くなりすぎないように心がけること．そのために，1つの文章では1つのことだけを述べるようにしよう．

③ 文章と文章のつなぎに接続詞を用いるように心がけること．接続詞があると，読み手にとって文章のつながりが予想でき，読みやすくなる．

④ 箇条書きを適宜用いること．箇条書きにすることで，読み手にとって読みやすくなる．

⑤ 図表を使って視覚的に説明することに心がけよう．そのために，図表を先に作成しておくとよい．

⑥ 章立てを最初に行おう．章立てによりレポートの骨格を作り，さらに，そのなかを階層化し，述べたいことを箇条書きで書いていく．その後，文章に肉付けをし，接続詞で結んでいくと大方できあがる．

⑦ 1週間くらい時間をおいてから見なおそう．書き上げた直後に見なおしをしても，頭のなかに文章が残っているので，誤りやわかりづらいところが発見しにくい．1週間くらい間をおくと，第三者の立場でチェックできる．できれば他人に読んでもらうのが一番よい．

コラム：接続詞の種類

よく使用される接続詞を機能別にあげておこう．文章をつなげる際の参考にしてほしい．

主な接続詞

機能	接続詞
順接	それで，したがって，だから，すると，こうして，それから，そこで
逆接	しかし，だが，けれども，ところが，それなのに，それにもかかわらず
添加	そして，しかも，それに，そのうえ，それから，および，ならびに，また，かつ
転換	ところで，さて，それでは，それはさておき
根拠	なぜなら，というのは
説明	すなわち，要するに，つまり，ただし，なお，ちなみに

---

(4) レポートの作成例

例として，Word を使用して247ページに示すようなレポートを作成してみよう．このレポートはタイトルと著者名の部分は，1行の文字数を42文字，1ページの行数を36行に設定している．さらに，左余白と右余白をそれぞれ25 mmに設定している．本文からは2段組とし，1行の文字数を20文字に設定している．それらの設定は，図9.13に示す［段組み］ダイアログボックスを使って行う．その操作について説明する．

操作 9.1：段組みの設定

① リボン［ページレイアウト］タブ→［段組み▼］→［段組みの詳細設定（C）］を選択する.

② 図 9.13 の［段組み］ダイアログボックスにおいて，種類を「2 段（W）」，段の幅を 20 字，設定対象を「これ以降」とし，［OK］ボタンをクリックする.

③ 図 9.14 に示すように，セクション区切りが表示され，これ以降が 2 段組になる.

ここで，セクション区切りの下では，「ページ設定」を文書の分量に応じて行数や文字数の調整を行えばよい.

次に，Excel で作成したグラフを Word 文書へ挿入する方法について説明する.

操作 9.2：Excel で作成したグラフを Word 文書へ挿入する方法

① Excel で作成したグラフを図 9.15 のように選択してからコピーする.

② Word の文書において挿入場所をクリックした後，貼り付ける.

③ すると，図 9.16 に示すように Word 文書に Excel で作成したグラフが挿入される. この際，グラフの大きさは自動的に調整される.

次に，Excel で作成した表を Word 文書へ挿入する方法について説明する.

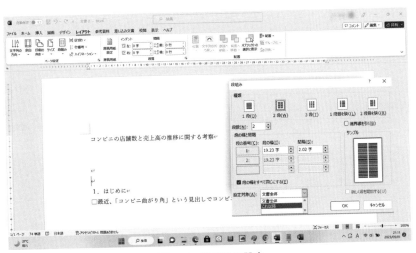

図 9.13　段組みの設定

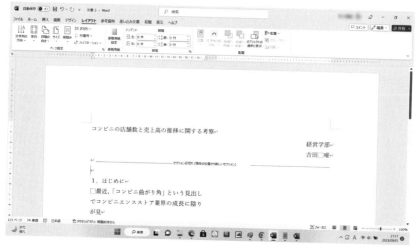

図9.14 セクション区切りの表示

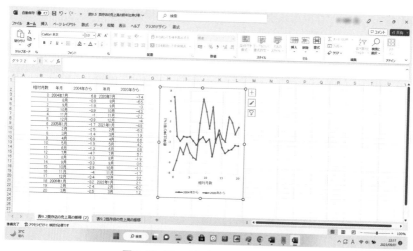

図9.15 Excel における図のコピー

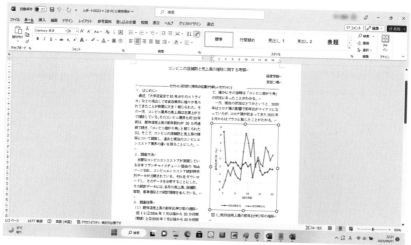

図9.16 図の挿入後の Word の文書

操作 9.3：Excel で作成した表を Word 文書へ挿入する方法
① Excel で作成した表に対し，図 9.17 のように範囲指定をしてからコピーする．
② Word の文書において挿入場所をクリックした後，貼り付ける．
③ 図 9.18 に示すように Word 文書に Excel で作成した表が挿入される．その後，適当に表の幅や高さなどを調整する．

　最後に，ページ番号を付加したり，文章の長さを調整したりして，レポートの体裁を整える．もちろん，文章の推敲もていねいに行おう．その際，Word のツールを利用して，表記ゆれチェックなどの校正をするとよい．

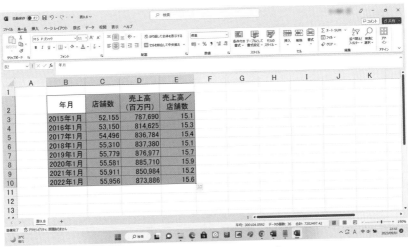

図 9.17　Excel における表のコピー

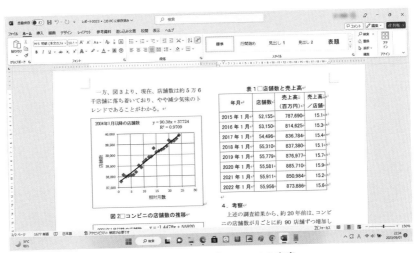

図 9.18　表の挿入後の Word の文書

コラム：リンク貼り付け

　　Word の文書に貼り付けた図や表の Excel 上の元データが，修正などにより変更されてしまう場合も少なくない．そのとき，再び Excel の図表をコピーし，Word に貼り付ける作業は面倒である．こういう作業をせずに，自動的に貼り付け先のデータの変更を行ってくれる機能が，「リンク貼り付け」機能である．この機能は，コピー元のアプリケーションと貼り付け先のアプリケーションをリンクさせ，コピー元のデータが変更された場合，その変更を貼り付け先の図表などのオブジェクトに自動的に反映させる機能である．

　　この機能は以下のような操作をして利用する．オブジェクトの貼り付け時に，リボン［ホーム］タブ→［貼り付け▼］→［形式を選択して貼り付け（S）］を選択すると，図のような［形式を選択して貼り付け］ダイアログボックスが出現するので，左側の［リンク貼り付け］オプションボタンを選択する．

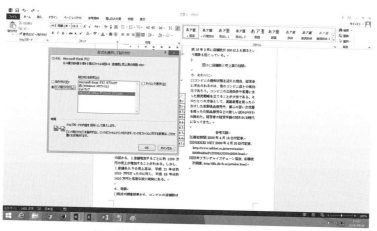

Word における表の貼り付け形式の選択

9.6　1998 年以降から近年までのコンビニ業界の概観

　本節では，1998 年から 2022 年までの統計データを用いて，コンビニ業界の売上高の推移を概観してみよう．

　表 9.9 と図 9.19 に 1998 年から 2022 年までの全店売上高と既存店売上高前年比の推移を示す．これらから，全店売上高は右肩上がりで伸び続けていることがわかる．一方，既存店売上高前年比については，1998 年から 2007 年までの 10 年間はほぼマイナスであったが，2008 年以降回復し，コロナ禍初年の 2020 年を除いて，ほぼプラスである．百貨店業界の売上高が落ち込んできている近年，コンビニ業界は堅調に推移しているといってよいだろう．

　既存店売上高の推移を詳細に観察するために，2005 年以降の既存店売上高前年比伸び率を 1 か月単位で調べてみた．その図を図 9.20 に示す．2006 年 6 月に既存店前年比伸び率がプラスになり，既存店売上高の前年割れは連続 22 ヶ月で終止符を打った．しかし，その後も 14 ヶ月連続して既存店売上高は前年割れを続け，ようやく 2008 年からプラスに転じた．その後 13 ヶ月連続して回復していった．既存店売上高が急に回復した 2008 年にコンビニ業界では何が起

表9.9　1998年から2022年までの全店売上高と既存店売上高前年比の推移

年	全店売上高（百万円）	既存店前年比（％）
1998	5,525,123	−0.7
1999	6,058,170	0.8
2000	6,482,495	−1.0
2001	6,677,944	−1.7
2002	6,847,605	−1.8
2003	6,962,428	−2.1
2004	7,125,979	−0.7
2005	7,217,935	−2.2
2006	7,265,117	−2.4
2007	7,363,193	−1.0
2008	7,857,071	7.1
2009	7,904,194	0.0
2010	8,017,531	0.8
2011	8,646,927	9.7
2012	9,027,205	4.5
2013	9,388,399	−1.1
2014	9,735,214	−0.8
2015	10,206,066	0.9
2016	10,507,049	0.5
2017	10,697,520	−0.3
2018	10,964,625	0.6
2019	11,160,772	0.4
2020	10,660,833	−4.7
2021	10,781,613	0.6
2022	11,177,519	3.3

こったのであろうか.

　2008年の回復要因のひとつとして考えられる大きな出来事は，ICカードのタスポ（taspo）の登場である．2008年7月よりタスポが全国に導入され，たばこを自動販売機で買うにはタスポが必要となった．しかし，タスポを新たに作成するのが面倒という人たちが多く，この人たちはたばこを自動販売機ではなくコンビニで買うようになったのである．それにより，コンビニの売上高を大きく伸ばしたと考えられる．実際，2008年7月の既存店売上前年比は14.7％の伸びである．このタスポ効果により，若者だけでなく，たばこ好きな中高年者もコンビニを利用するようになった．そして，たばこ以外の商品もついでに購入するようになったと考えられる．2番目の要因は，コンビニ弁当の充実であろう．コンビニ業界における弁当戦争は2008年ごろから熾烈になってきた．コンビニ業界では魅力ある弁当の開発に取り組み，安くておいしく豊富なメニューの弁当がコンビニに並ぶようになった．その結果，昼に限らず，夜の食事もコンビニ弁当やおにぎりなどで済ませる人々が増えたのではないだろうか．一方，2005年ごろから進められてきた生鮮食品販売などのような新規の販売戦略の効果も表れ始め

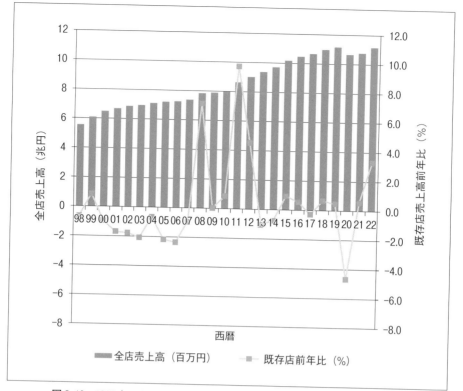

図 9.19　1998 年から 2022 年までの全店売上高と既存店売上高前年比の推移

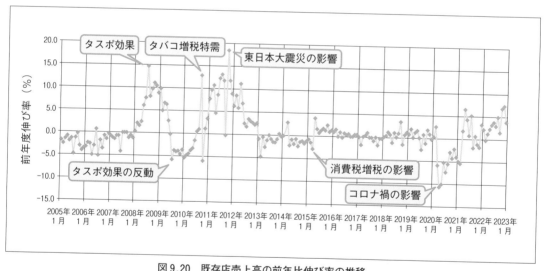

図 9.20　既存店売上高の前年比伸び率の推移

た．野菜や魚などの生鮮食品も小分けにしてコンビニに置かれるようになり，単身者や夫婦だ
けという小世帯の人たちの足をコンビニに向かせるようになったと考えられる．また，2008
年ごろから Suica や nanaco などの電子マネーやポイントカードがコンビニでも普及し始め，
利便性が向上したことも既存店の売り上げが伸びた要因のひとつであろう．

　しかし，2009 年に入るとタスポ効果も一段落し，2009 年 7 月から前年比が再びマイナスに
転じてしまった．2008 年 9 月のリーマンショック以降の景気の先行きの不透明感からか，消
費者がコンビニにおける買物も節約するようになったことが要因のひとつと考えられる．これ

は，客単価が 2008 年の 591 円から 2010 年の 577 円へと減少していることからも裏付けられる．前年比が 2009 年 6 月から 13ヶ月連続してマイナスが続いた後，2010 年 9 月にいきなり 12.9％のプラスに転じた．これは，10 月のたばこ増税の特需である．その反動から 10 月にマイナスに転じるが，すぐにプラスに転じ，2011 年 3 月の東日本大震災を迎える．震災により，コンビニの社会インフラとしての役割が認識され，日用品やインスタント食品のまとめ買いも発生し，2011 年は売り上げを大きく伸ばした．また，惣菜や生鮮食料品，日用品などをコンビニで買う女性層や高齢者層も増加し，2012 年も既存店売上高前年比はプラスを維持した．しかし，2014 年 4 月の消費税増税の影響で，増税直前は一瞬プラスになったが，2014 年 4 月以降は 1 年間マイナスとなった．2015 年 4 月からはその反動でプラスに転じ，その後はほぼ伸び率はゼロとなっており，その成長に陰りが見え始めている．その背景には，ドラッグストアのコンビニ化の影響もあるかもしれない．2019 年までほぼゼロで推移してきた伸び率は，2020 年 3 月にコロナ禍が発生し，突如過去最低のマイナス 10％まで落ち込み，その後 1 年程度マイナスが続いた．2021 年になりコロナ禍が収束に向かうにつれプラスに反転し現在に至っている．

　9.4.3 項では，2004 年と 2005 年のデータ（表 9.6）に基づいて，2004 年 1 月を起点にした相対月数 x に対する店舗数 y の回帰直線を求めた．その回帰直線の式は

$$y = 90.38x + 37724$$

であった．この回帰直線の式の精度を検証してみよう．そのために，この回帰直線を用いて 2014 年 1 月の店舗数を予測してみる．2014 年 1 月の店舗数 y は，2004 年 1 月からの相対月数 121ヶ月を x として式に代入し，

$$y = 48660$$

を得る．これが予測値となるが，2014 年 1 月の実際の店舗数は 49493 店であるので，その相対誤差 1.7％であり，かなり良い予測値であったことがわかる．

　表 9.10 に 1999 年から 2022 年までの 1 月の店舗数と売上高と 1 店舗当たりの売上高を示す．これから，2006 年から 1 店舗当たりの売上高の減少は下げ止まり，2011 年以降は 15.2（百万円/店舗）以上になり，1999 年の水準まで回復したことがわかる．その後，15（百万円台）を維持している．

　今後もコンビニ業界のデータを注視し続け，コンビニ業界の経営戦略や日本経済の動向と対比させてみるとおもしろいであろう．そして，自分なりの発見をし，新たな考えを発想していくことが情報リテラシそのものである．

表 9.10　1 店舗あたりの売上高の推移表

年月	店舗数	売上高（百万円）	売上高／店舗数
1999 年 1 月	31,141	469,152	15.1
2000 年 1 月	33,840	496,257	14.7
2001 年 1 月	35,546	516,049	14.5
2002 年 1 月	36,592	528,658	14.4
2003 年 1 月	36,988	542,335	14.7
2004 年 1 月	37,790	554,995	14.7
2005 年 1 月	38,915	561,835	14.4
2006 年 1 月	39,887	563,337	14.1
2007 年 1 月	40,706	574,023	14.1
2008 年 1 月	40,889	574,966	14.1
2009 年 1 月	41,800	630,177	15.1
2010 年 1 月	42,704	613,226	14.4
2011 年 1 月	42,876	652,349	15.2
2012 年 1 月	44,520	689,785	15.5
2013 年 1 月	46,963	718,193	15.3
2014 年 1 月	49,493	755,077	15.3
2015 年 1 月	52,155	787,690	15.1
2016 年 1 月	53,150	814,625	15.3
2017 年 1 月	54,496	836,784	15.4
2018 年 1 月	55,310	837,380	15.1
2019 年 1 月	55,779	876,977	15.7
2020 年 1 月	55,581	885,710	15.9
2021 年 1 月	55,911	850,984	15.2
2022 年 1 月	55,956	873,886	15.6

9.7　情報リテラシのまとめ

　問題の設定，情報の収集，情報の分析，情報の発信という情報リテラシの一連のプロセスを見てきた．これにより，情報活用の楽しさと，もやもやとした状況を解明し，すっきりとうなずける答えを得る心地よさを体験してもらえたのではなかろうか．わたしたちの前に実際に発生する問題は，ここで述べたような単純なものばかりではないであろう．もしかすると，答えのないような問題がわたしたちに降りかかるかもしれない．そういう状況においては，ここで学んだような，つねに問題意識をもち，評価尺度を考え，情報を収集し，情報を分析し，問題の解決策を模索し，それを他人に説得力をもって伝え，そして議論しあうという「情報リテラシ」の姿勢や態度をもって，物事に対処することが何よりも大切である．その姿勢さえあれば，上司や同僚，部下など多くの人の信頼を得られ，社会の中核人材として活躍できるであろう．

コンビニの店舗数と売上高の推移に関する考察

経営学部

吉田　唯

1. はじめに

最近，「大手百貨店で61年ぶりのストライキ」などの見出しで百貨店業界に陰りが見られてきたことが新聞に大きく報じられた．その一方，コンビニ業界の売上高は右肩上がりで推移している．そのコンビニ業界も約20年前は，既存店売上高の前年割れが20カ月連続で続き，「コンビニ曲がり角」と報じられた [1]．そこで，コンビニの店舗数と売上高の推移について調査し，過去と現在のコンビニエンスストア業界の違いを探ることにした．

2. 調査方法

主要なコンビニエンスストアが加盟している日本フランチャイズチェーン協会のWebページ [3] に，コンビニエンスストア統計時系列データが公開されている．それをダウンロードし，そのデータを分析することにした．その統計データには，各月の売上高，店舗数，客数，客単価などの統計情報を含んでいる．

3. 調査結果

(1) 既存店売上高の前年比伸び率の推移

図1に① 2004年7月以降から20か月間（青線）と② 2020年7月以降から20か月間（灰線）の既存店売上高の前年比伸び率の推移を示す．コンビニの売上高は，7，8月の夏季に好調で，1，2月の冬季に低調であるという傾向があるので，前年同月比が定性的な傾向をみるための重要な指標となる．また，新規店は目新しいこともあり一時的に売上を伸ばす傾向があるので，コンビニの売上高の分析にあたっては，既存店の売上高を用いた．

図1より，既存店売上高が2004年7月より20ヶ月連続で前年同月割れを起こしていて，確かにその当時は「コンビニ曲がり角」の状況にあったことがわかる．

一方，現在の状況はどうかというと，2020年はコロナ禍の影響で前年比がマイナスになっていたが，コロナ禍が収まってきた2021年3月からはプラスに転じたことがわかる．

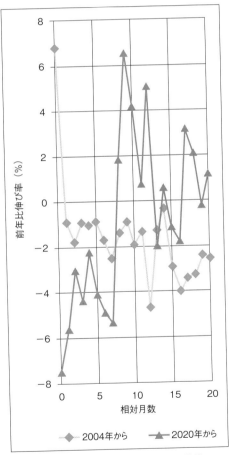

図1　既存店売上高の前年比伸び率の推移

(2) 店舗数の推移

次に，店舗数の推移について分析する．2004年1月から24か月のコンビニの店舗数

の推移を図2に，2021年1月から24か月の店舗数の推移を図3に，それぞれ示す．

図2より，この当時の店舗数は，毎月約90店舗ずつ線形に増加していることがわかる．このまま推移すると，2015年4月には5万店舗に達すると予想された．実際はそれより1年早く，2014年2月に5万店舗に達した．

一方，図3より，現在，店舗数は約5万6千店舗に落ち着いており，やや減少気味のトレンドであることがわかる．

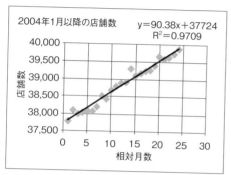

図2　コンビニの店舗数の推移

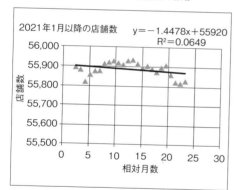

図3　コンビニの店舗数の推移

（3）コンビニの店舗数と売上高の相関

1999年当時は1店舗あたりの売上高が約1510万円だったのに対し，店舗数の増大により，7年後の2006年では約1410万円と急激に落ち込んでいった．この状況も「コンビニ曲がり角」と言われる要因のひとつであった．それが現在はどうなっているか調査した．表1に2015年から2022年までの1月におけるコンビニの店舗数と売上高と店舗当たりの売上高を示す．この表より，ここ8年

間，店舗当たりの売上高は1500万円台をキープしていることがわかる．

表1　店舗数と売上高

年月	店舗数	売上高 （百万円）	売上高／ 店舗数
2015年1月	52,155	787,690	15.1
2016年1月	53,150	814,625	15.3
2017年1月	54,496	836,784	15.4
2018年1月	55,310	837,380	15.1
2019年1月	55,779	876,977	15.7
2020年1月	55,581	885,710	15.9
2021年1月	55,911	850,984	15.2
2022年1月	55,956	873,886	15.6

4. 考察

上述の調査結果から，約20年前は，コンビニの店舗数が月ごとに約90店舗ずつ増加しており，その店舗数の急激の増加が既存店の売上高を悪化させ，20ヶ月連続の前年度割れを引き起こし，店舗当たりの売上高も1400万円に下落させたと考えられる．

そこで，店舗数の増加を抑制する一方で，高齢者層を狙った小分けした食品などの販売，女性層を狙った化粧品販売などの新しい試みを展開させた．その結果，現在は店舗数も5万店舗半ばで落ち着き，店舗当たりの売上高も1500万円台を回復させるまでになった．

5. おわりに

コンビニの飽和状態を迎えた現在，経営者に求められるのは，他のコンビニ店との差別化であろう．経営者の経営手腕が問われる時代になってきた．

参考文献

[1] 朝日新聞2006年4月16日付記事．

[2] NIKKEI NET 2006年4月20日付記事，https://www.nikkei.co.jp/news/main/20060420AT1D200AN20042006.html.

[3] 日本フランチャイズチェーン協会，https://www.jfa-fc.or.jp/，2023.09.01参照．

章末問題

1. 作成したレポートの内容を発表するためのスライドを作成してみよう.

2. 自分でテーマを決めて, 2 ページ程度のレポートを作成してみよう.

参考文献

[1] 朝日新聞：平成 18 年 4 月 16 日付記事.

[2] NIKKEI NET：平成 18 年 4 月 20 日付記事, ⟨http://www.nikkei.co.jp/news/main/20060420AT1D200AN20042006.html.⟩

[3] (社) 日本フランチャイズチェーン協会：各種統計調査ページ, ⟨http://jfa.jfa-fc.or.jp/tokei.html⟩, 2023.9.1 参照.

[4] 魚田勝臣他, 『グループワークによる情報リテラシ—情報の収集・分析から, 論理的思考, 課題解決, 情報の表現まで 第 2 版』, 共立出版, 2019.

付録　ローマ字表記法

	あ	い	う	え	お
あ	あ A ぁ LA XA	い I ぃ LI XI	う U ぅ LU XU	え E ぇ LE XE	お O ぉ LO XO
か	か KA きゃ KYA くぁ KWA	き KI きぃ KYI	く KU きゅ KYU	け KE きぇ KYE	こ KO きょ KYO
さ	さ SA しゃ SYA SHA	し SI SHI しぃ SYI	す SU しゅ SYU SHU	せ SE しぇ SYE SHE	そ SO しょ SYO SHO
た	た TA ちゃ TYA CYA CHA つぁ TSA てゃ THA	ち TI CHI ちぃ TYI CYI つぃ TSI てぃ THI	つ TU TSU っ LTU XTU ちゅ TYU CYU CHU てゅ THU とぅ TWU	て TE ちぇ TYE CTE CHE つぇ TSE てぇ THE	と TO ちょ TYO CYO CHO つぉ TSO てょ THO
な	な NA にゃ NYA	に NI にぃ NYI	ぬ NU にゅ NYU	ね NE にぇ NYE	の NO にょ NYO
は	は HA ひゃ HYA ふぁ FA ふぁ FYA	ひ HI ひぃ HYI ふぃ FI ふぃ FYI	ふ HU FU ひゅ HYU ふゅ FYU	へ HE ひぇ HYE ふぇ FE ふぇ FYE	ほ HO ひょ HYO ふぉ FO ふょ FYO
ま	ま MA みゃ MYA	み MI みぃ MYI	む MU みゅ MYU	め ME みぇ MYE	も MO みょ MYO

	や	い	ゆ	いぇ	よ
や	や YA ゃ LYA XYA	い YI ぃ LYI XYI	ゆ YU ゅ LYU XYU	え YE ぇ LYE XYE	よ YO ょ LYO XYO

	ら	り	る	れ	ろ
ら	ら RA りゃ RYA	り RI りぃ RYI	る RU りゅ RYU	れ RE りぇ RYE	ろ RO りょ RYO

	わ	うぃ	う	うぇ	を
わ	わ WA	うぃ WI	う WU	うぇ WE	を WO

	ん	ん			
ん	ん NN	ん N'			

	が	ぎ	ぐ	げ	ご
が	が GA ぎゃ GYA ぐぁ GWA	ぎ GI ぎぃ GYI	ぐ GU ぎゅ GYU	げ GE ぎぇ GYE	ご GO ぎょ GYO
ざ	ざ ZA じゃ JYA ZYA JA	じ ZI じぃ JYI ZYI	ず ZU じゅ JYU ZYU JU	ぜ ZE じぇ JYE ZYE JE	ぞ ZO じょ JYO ZYO JO
だ	だ DA ぢゃ DYA でゃ DHA	ぢ DI ぢぃ DYI でぃ DHI	づ DU ぢゅ DYU でゅ DHU どぅ DWU	で DE ぢぇ DYE でぇ DHE	ど DO ぢょ DYO でょ DHO
ば	ば BA びぁ BYA	び BI びぃ BYI	ぶ BU びゅ BYU	べ BE びぇ BYE	ぼ BO びょ BYO
ぱ	ぱ PA ぴぁ PYA	ぴ PI ぴぃ PYI	ぷ PU ぴゅ PYU	ぺ PE ぴぇ PYE	ぽ PO ぴょ PYO
うﾞぁ	うﾞぁ VA	うﾞぃ VI	うﾞ VU	うﾞぇ E	うﾞぉ VO

後ろに子音を二つ続けます
[例] だった……DATTA

っ	っ LTU（単独で入力するとき） XTU

※ "ん" はNに続いて子音（K，T，P，S，Z，J，Dなど）がくれば "ん" となります．

ジャストシステム：一太郎9［ファーストステップ］，ジャストシステム，1998 より引用

付録　ショートカットキー，ファンクションキー

ショートカットキー

操作	機能
[Ctrl] + [C]	コピー
[Ctrl] + [X]	切り取り
[Ctrl] + [V]	貼り付け
[Ctrl] + [Z]	元に戻す
[Ctrl] + [Y]	再実行
[Ctrl] + [S]	保存
[Ctrl] + [A]	すべてを選択
[Ctrl] + [F]	検索
[Shift] + [Delete]	ごみ箱に入れずに削除
[Alt] + [F4]	アプリケーションの終了
[Windows ロゴ]	スタートメニューの表示
[Alt] + [Tab]	プログラムの切り替え
[Windows ロゴ] + [M]	すべて最小化

ファンクションキー

操作	機能
F1	ヘルプの表示
F2	ファイルやフォルダの名前変更
F3	検索画面の表示
F4	アドレスバーのドロップダウン
F5	ブラウザのリロード
F6	文字入力時，ひらがなに変換
F7	文字入力時，全角カタカナに変換
F8	文字入力時，半角カタカナに変換
F9	文字入力時，全角アルファベットに変換
F10	文字入力時，半角アルファベットに変換
F11	ウィンドウの全画面表示／解除
F12	名前を付けて保存

索　引

【編著者略歴】

植竹朋文（うえたけ ともふみ）

2000 年　慶應義塾大学大学院理工学研究科（管理工学専攻）
　　　　後期博士課程所定単位取得，博士（工学）
　　　　慶應義塾大学理工学部助手
2002 年　専修大学経営学部専任講師，同助教授を経て
2007 年　専修大学経営学部准教授
2010 年　専修大学経営学部教授，現在に至る

【著者略歴】

大曽根 匡（おおそね ただし）

1984 年　東京工業大学大学院総合理工学研究科（システム科
　　　　学専攻）博士課程修了，理学博士
　　　　（株）日立製作所システム開発研究所入社
1989 年　専修大学経営学部専任講師，同助教授を経て
1999 年　同教授，現在に至る

宮村　崇（みやむら たかし）

1999 年　大阪大学大学院工学研究科博士前期課程修了（応用
　　　　物理学専攻）
　　　　日本電信電話株式会社入社
2018 年　北海道大学大学院情報科学研究科博士後期課程修了，
　　　　博士（工学）
2023 年　専修大学経営学部准教授，現在に至る

関根　純（せきね じゅん）

1982 年　東京大学大学院工学系研究科修士課程修了（計数工
　　　　学専攻）
　　　　日本電信電話公社（現 NTT）横須賀電気通信研究所
　　　　入社，博士（工学）
2005 年　株式会社 NTT データ技術開発本部へ転籍
2010 年　専修大学経営学部准教授を経て
2011 年　専修大学経営学部教授，現在に至る

森本祥一（もりもと しょういち）

2001 年　埼玉大学大学院理工学研究科（情報システム工学専
　　　　攻）博士前期課程修了，修士（工学）
　　　　日本電気航空宇宙システム(株)入社
2006 年　埼玉大学大学院理工学研究科（情報数理科学専攻）
　　　　博士後期課程修了，博士（工学）
　　　　産業技術大学院大学産業技術研究科研究員，助教
2009 年　専修大学経営学部専任講師
2011 年　専修大学経営学部准教授
2017 年　専修大学経営学部教授を経て
2024 年　青山学院大学コミュニティ人間科学部教授，現在に
　　　　至る

コンピュータリテラシ
　　―情報処理入門―
　　　〈第 5 版〉

Computer Literacy:
Introduction to Information Processing 5th ed.

2007 年 3 月 25 日　初版　第 1 刷発行
2009 年 2 月 1 日　初版　第 3 刷発行
2011 年 2 月 10 日　第 2 版第 1 刷発行
2014 年 2 月 25 日　第 2 版第 4 刷発行
2015 年 3 月 25 日　第 3 版第 1 刷発行
2018 年 3 月 20 日　第 3 版第 4 刷発行
2019 年 2 月 25 日　第 4 版第 1 刷発行
2022 年 2 月 25 日　第 4 版第 3 刷発行
2024 年 4 月 10 日　第 5 版第 1 刷発行

検印廃止
NDC 007
ISBN978-4-320-12577-3

編著者　植竹 朋文　© 2024

発行者　**共立出版株式会社**/南條光章

東京都文京区小日向 4-6-19
電話 東京(03)3947 局 2511 番
〒 112-0006/振替 00110-2-57035 番
www.kyoritsu-pub.co.jp

印　刷　藤原印刷
製　本

一般社団法人
自然科学書協会
会員

Printed in Japan